A. M. Ašner

Stoßspannungs-Meßtechnik

Springer-Verlag
Berlin · Heidelberg · New York 1974

Dr. ès. Sc. Techn. A. M. Ašner

CERN-Organisation Européenne pour
la Récherche Nucléaire
Genf, Schweiz

Mit 101 Abbildungen

ISBN-13: 978-3-642-95246-3   e-ISBN-13: 978-3-642-95245-6
DOI: 10.1007/ 978-3-642-95245-6

Für meine Tochter Rajna

Vorwort

Dieses Buch ist meines Wissens die erste Darstellung der Stoß-spannungs-Meßtechnik. Es macht den Versuch, dieses Teilgebiet der Hochspannungstechnik mathematisch, physikalisch und experimentell umfassend zu behandeln.

Das Buch wendet sich an den bereits großen Kreis der Spezialisten, an Fach- und Hochschulingenieure und an die Studierenden.

Ich habe mich bemüht, eine objektive und gleichmäßige Übersicht zu geben. Trotzdem war eine gewisse Subjektivität wohl nicht zu vermeiden, da sich das vorliegende Buch auf persönliche Erfahrungen im Hochspannungs-Prüffeld der Firma Brown, Boveri & Cie. in Baden (Schweiz) und bei der CERN in Genf, sowie auf meine Dissertation an der ETH in Zürich stützt.

Ich danke allen Firmen, die mir Unterlagen und Abbildungen zur Verfügung gestellt haben; ebenso dem Verlag für seine Bemühungen um die Herausgabe und Herstellung des Buches.

Genolier, im Dezember 1973

A. M. AŠNER

Inhaltsverzeichnis

1. Die Messung hoher Stoßspannungen und Ströme

1.1. Einleitung; Definition der Prüf-Stoßspannungen und Ströme

Die Stoßspannungs- und -stromprüfung von Hochspannungsgeräten dient zum Nachweis ihrer Festigkeit gegenüber zumeist im Prüffeld hervorgerufenen Beanspruchungen, die den bei atmosphärischen Entladungen auftretenden Beanspruchungen möglichst gut entsprechen sollen.

Atmosphärische Entladungen breiten sich bekanntlich als kurzzeitige, steile Strom- und Spannungswellen über Hochspannungs-Übertragungssysteme aus und gefährden die angeschlossenen Apparate und Installationen. Die Spannungswellen erreichen innerhalb weniger Mikrosekunden oder in noch kürzerer Zeit ihren Scheitelwert, der mehrere Megavolt betragen kann, und klingen dann langsamer während einiger 10 oder 100 Mikrosekunden auf Null ab. Die Einzelwellen weisen überwiegend nur eine Polarität auf, die positiv oder negativ sein kann.

Die mitziehenden Stromwellen weisen Scheitelwerte von mehreren 10 kA auf; in Einzelfällen sind Werte von 200 bis 500 kA gemessen worden. Da die durch atmosphärische Entladungen hervorgerufenen Spannungs- und Stromwellen die Nennwerte der beanspruchten Geräte bei weitem übertreffen können, werden diese kurzzeitig elektrisch, mechanisch und thermisch stark beansprucht, so daß eine Zerstörung oder Beschädigung entweder unmittelbar oder nach eingeleiteter Schwächung der Isolation durch die nachfolgende energiereiche Wechselspannungsbeanspruchung erfolgen kann.

Um die Prüfung der verschiedenen Hochspannungsapparate mit derartigen Spannungs- und Stromwellen zu vereinfachen und vergleichen zu können, sind Prüfspannungen und Ströme nach Betrag und zeitlichem Ablauf normiert worden.

Die normierten Stoßspannungen sind der Norm- oder Vollstoß, der im Rücken und in der Front (im Anstieg) abgeschnittene Stoß. Die normierten Ströme sind die beiden Norm-Stromstöße und der lange Rechteckstoß.

Der in Abb. 1.1a gezeigte Vollstoß ist ein einmaliger aperiodischer Spannungsstoß, möglichst ohne Überschwingung in die Gegenpolarität, der durch den Scheitelwert U_0, die Frontdauer T_1 und die Rückenhalbwertzeit T_2 gekennzeichnet ist. Die Frontdauer wird zu

$$T_1 = 1{,}67 \cdot T_1'$$ (1)

bestimmt, wobei T_1' die Zeit zwischen den Punkten A und B ist, die

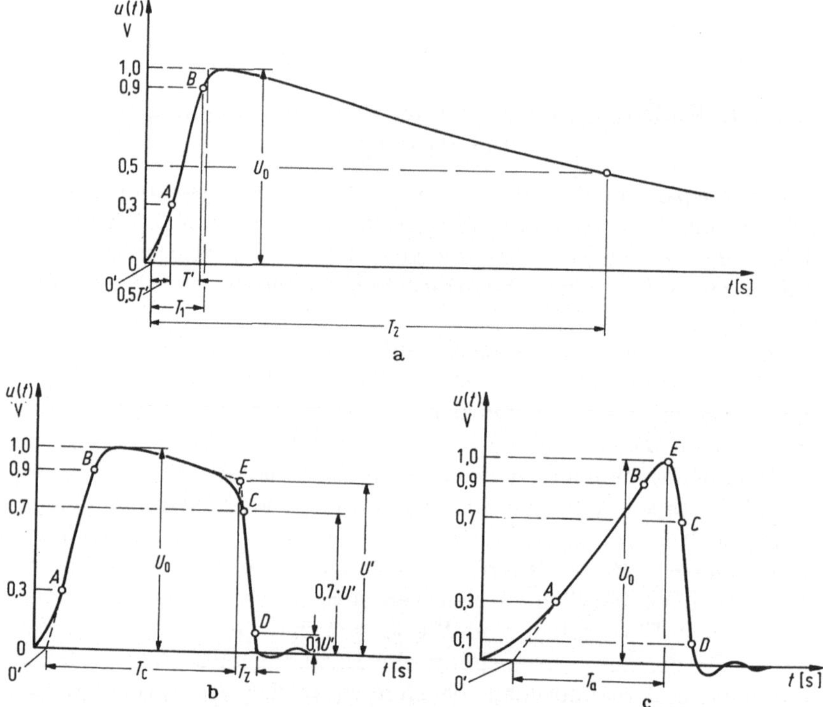

Abb. 1.1. a) Der Vollstoß. $T_1 = 1{,}67\,T$ Frontdauer, T_2 Rücken-Halbwertzeit, U_0 Scheitelwert.
b) Der im Rücken abgeschnittene Stoß. T_c Abschneidezeit, T_z Zusammenbruchsdauer.
c) Der Steilstoß oder in der Front abgeschnittene Stoß. T_a Frontdauer.

dem 0,3-fachen, bzw. 0,9-fachen Scheitelwert entsprechen. Der eigentliche Ausgangspunkt $0'$ des Vollstoßes wird um $0{,}3\,T_1$ links vom Punkte A angenommen.

Die Halbwertdauer T_2 ist die von $0'$ aus gerechnete Zeit, in welcher der Vollstoß auf den halben Scheitelwert abgeklungen ist. Für die in Abb. 1.1b und 1.1c gezeigten im Rücken bzw. in der Front abgeschnittenen Stöße ist die Spannungszusammenbruchsdauer $T_z = 1{,}6\,T_{0{,}1\,U' \cdots 0{,}7\,U'}$ mit der Spannung U' im Abschneidemoment (Punkt E), die um $0{,}3\,T_z$ links dem vom der Spannung $0{,}7\,U'$ entsprechenden Punkte C liegt.

Die Abschneidezeit T_c ist dann durch das Intervall $0' - E$ gegeben. Nach den IEC-Vorschriften [1] ist der Normstoß durch $T_1 = 1{,}2\,\mu\text{s}$; $T_2 = 50\,\mu\text{s}$ definiert und wird als Normstoß 1,2/50 bezeichnet. Für die einzelnen Parameter sind relativ breite Toleranzen zulässig, die für den Scheitelwert $\pm 3\%$, für etwa vorhandene überlagerte Schwingungen im Scheitel $\pm 5\%$ und für $\Delta T_1 = \pm 30\%$; $\Delta T_2 = \pm 20\%$ betragen.

Der europäische Normstoß 1/50 und der in den Vereinigten Staaten gebrauchte 1,5/40-Normstoß liegen folglich innerhalb des Toleranzbereiches des 1,2/50-Stoßes.

Die genormten Stromstöße sind auf Abb. 1.2a und 1.2b gezeigt. Abb. 2a zeigt den 4/10-μs- bzw. 8/20-μs-Norm-Stromstoß, Abb. 2b einen langen Rechteck-Stromstoß. Die Frontdauer wird ähnlich wie beim Normstoß 1,2/50 als das 1,25-fache Intervall zwischen $0,1\,I_0$ und $0,9\,I_0$ gewählt. Die Dauer T_d eines Rechteck-Stromstoßes entspricht dem Zeitintervall in welchem der Strom höher als $0,9\,I_0$ ist. Rechteckstöße haben eine Dauer von 500, 1000 oder 2000 μs.

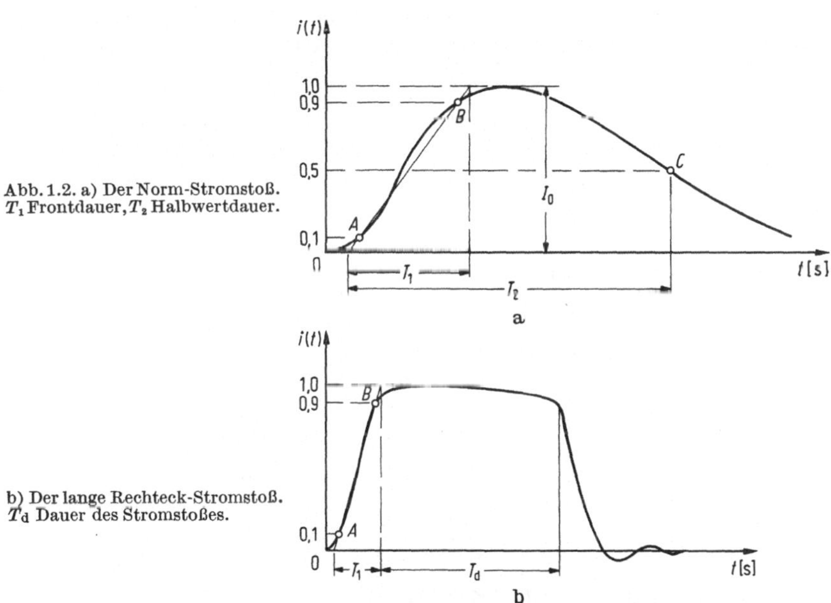

Abb. 1.2. a) Der Norm-Stromstoß. T_1 Frontdauer, T_2 Halbwertdauer.

b) Der lange Rechteck-Stromstoß. T_d Dauer des Stromstoßes.

Die Toleranzen für die Parameter der beiden Normstöße betragen $\pm 10\%$ (für I_0, T_1 und T_2) und $\pm 5\%$ für etwaige überlagerte Schwingungen im Scheitel. Für den langen Rechteckstoß betragen die entsprechenden Toleranzen $+20\%$, -0%.

1.2. Die Erzeugung hoher Stoßspannungen. Der Stoßgenerator

Stoßspannungen werden überwiegend mittels Stoßgeneratoren in der Schaltung nach Marx erzeugt. Der Stoßgenerator ist aus mehreren übereinander angeordneten Kondensatoren C_S' zusammengesetzt, die vom Gleichrichter G über die einzelnen Ladewiderstände auf die Stufenspannung U_1 von 150 bis 200 kV geladen werden (s. Abb. 1.3). Beim

Ansprechen der untersten Zündfunkenstrecke FS_1, wobei diese selbsttätig durch Überschreiten der Zündspannung oder durch Anwendung einer gesteuerten Funkenstrecke mit besonderer Zündelektrode in einem gewählten Augenblick eingeleitet wird, werden sämtliche Kondensatoren C'_S über FS_1 bis FS_n in Reihe geschaltet. Die auf die (theoretische) Spannung U_1 geladene Stoßkapazität $C_S = (C'_S/n)$ entlädt sich dann über den Stoßkreis, der den (Gesamt-)Reihen- oder Dämpfungswiderstand R_d, den Entladewiderstand R_e und die Belastungskapazität C_b enthält, wobei die letztere aus der Grundbelastung C'_b und aus der Kapazität des Prüflings C_p zusammengesetzt ist.

Das Ersatzschema des Stoßgenerators im Augenblick der Entladung ist auf Abb. 1.3a und 1.3b gezeigt. Die beiden Anordnungen unterscheiden sich lediglich durch die Lage des Entladewiderstandes R_e, wobei jedoch die Anwendung von Schaltung b) infolge des höheren Wirkungsgrades überwiegt. In Abb. 1.3 ist auch die resultierende Induktivität L_s des Stoßkreises eingezeichnet, die der (geringen) Induktivität der Dämpfungswiderstände und Stoßkapazitäten und der Zuleitungsinduktivität entspricht.

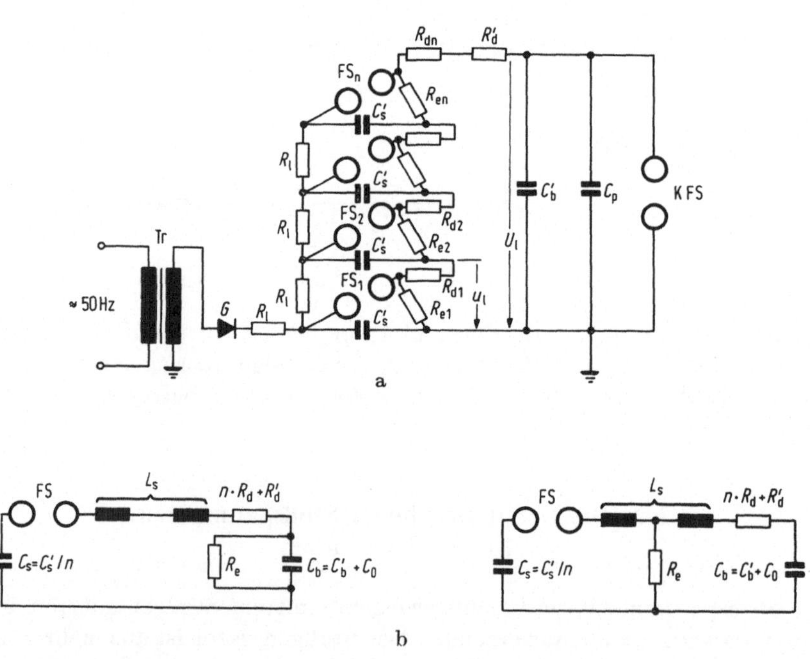

Abb. 1.3. Der Stoßgenerator (a) und seine Ersatzschemata (b). Tr Hochspannungstransformator, Gleichrichter, R_l Stufen-Ladewiderstand, FS-Funkenstrecke, C'_S, C_S Stufen- und Gesamtkapazität, R_{e1}, R_e Stufen- und Gesamtentladewiderstand, $R_{d1}...R_{d_n}$, R'_d Dämpfungswiderstände, C'_b, C_p eingebaute und Belastungskapazität (des Prüflings), KFS-Meßfunkenstrecke, L_s Streuinduktivität

Bei den meisten Stoßspannungs-Prüfanordnungen ist $R_\mathrm{d} \ll R_\mathrm{e}$ und $C_\mathrm{b} \ll C_\mathrm{s}$. Die Stoßspannung ist dann durch Gl. (1) gegeben:

$$U_\mathrm{s}(t) \approx U_1 \frac{e^{-\frac{t}{\tau_2}} - e^{-\frac{t}{\tau_1}}}{1 - \frac{\tau_1}{\tau_2}} \tag{2}$$

mit τ_1 und τ_2 den Anstieg und Abfall bestimmenden Zeitkonstanten:

$$\tau_1 = R_\mathrm{d} \frac{C_\mathrm{b} \cdot C_\mathrm{s}}{C_\mathrm{b} + C_\mathrm{s}} \approx R_\mathrm{d} C_\mathrm{b} \tag{3a}$$

$$\tau_2 = R_\mathrm{e} \left(C_\mathrm{s} + C_\mathrm{b} \right) \approx R_\mathrm{e} C_\mathrm{s} . \tag{3b}$$

Der Scheitelwert der Stoßspannung wird für

$$t_{U_0} = \frac{\ln \dfrac{\tau_2}{\tau_1}}{\dfrac{1}{\tau_1} - \dfrac{1}{\tau_2}} \tag{4}$$

erhalten.

Um unerwünschte, dem Spannungsstoß in der Front überlagerte Schwingungen zu vermeiden, ist

$$R_\mathrm{d} \geq \sqrt{\frac{C_\mathrm{b} + C_\mathrm{s}}{C_\mathrm{b} \cdot C_\mathrm{s}}} L_\mathrm{s} \tag{5}$$

zu wählen. Es hat sich als vorteilhaft erwiesen, einen Teil des Gesamtdämpfungswiderstandes auf die einzelnen Stufen des Stoßgenerators zu verteilen und dadurch innere Schwingungen in den Stufen möglichst wirksam zu unterdrücken.

Bei der Prüfung von induktivitätsbehafteten Objekten ist die Stoßkapazität zu

$$C_\mathrm{s} \geq \frac{8\,T_2}{L_\mathrm{p}} \tag{6}$$

mit L_p der Induktivität des Prüflings, zu wählen, um Schwingungen im Rücken der Stoßspannung zu vermeiden. Von den Gln. (1) bis (4) ausgehend, sind verschiedene Näherungsverfahren zur Bestimmung der Stoßkreisparameter für eine Stoßspannung, insbesondere für den Normstoß 1,2/50 entwickelt worden. So kann z. B.

$$T_1 \approx 3\,R_\mathrm{d} \frac{C_\mathrm{b} \cdot C_\mathrm{s}}{C_\mathrm{b} + C_\mathrm{s}}, \tag{7}$$

$$T_2 \approx 0{,}72\,R_\mathrm{e} \left(C_\mathrm{b} + C_\mathrm{s} \right) \tag{8}$$

gewählt werden, und die entsprechende Kombination der Stoßkreis-parameter annähernd eingestellt werden. Die endgültige Einstellung wird dann durch geringe Änderungen der noch freien Parameter er-reicht.

Stoßgeneratoren werden zumeist in kesselförmiger oder geschach-telter Bauart hergestellt.

Bei der ersten sind die induktionsarm gewickelten Metallfolien- oder Papierkondensatoren in einem vertikal aufgestellten, ölgefüllten und luftdicht abgeschlossenen Isolierzylinder montiert. Die zweite Aus-führung besteht aus mehreren, in hermetisch abgeschlossenen Metall-gefäßen angeordneten Teilkondensatoren, die in entsprechenden Iso-lierabständen übereinander montiert sind. Die Funkenstrecken sind zumeist auf vertikalen, drehbaren Isolierrohren befestigt; durch ent-

Abb. 1.4. 4,8 MV, 480-kWs-Stoßgenerator in geschachtelter Ausführung mit gekapselten Schalt- und Hilfsfunkenstrecken der Firma E. Haefely & Cie, Schweiz.

sprechende Drehung kann die Schlagweite der Funkenstrecke und somit die Höhe der Stoßspannung geändert werden. Dämpfungs- und Entladewiderstände sollen möglichst geringe Induktivität aufweisen und die kurzzeitigen hohen dielektrischen und thermischen Beanspruchungen ertragen können. Hierfür können Kohlenwiderstände, Wasserwiderstände, aus Widerstandsdraht gewickelte oder dünne Metallschichtwiderstände verwendet werden. Die einzelnen Widerstände werden auf Isolierrohre oder -streifen gewickelt und zwecks Erhöhung der elektrischen Festigkeit gegen Oberflächenüberschlage in Kunstharz vergossen.

Als Ladegleichrichter werden vorwiegend Trockengleichrichter oder synchron laufende Nadelgleichrichter verwendet. Beide Ausführungen zeichnen sich in gewissem Gegensatz zu früher verwendeten Hochspannungs-Röhrengleichrichtern durch ihre Betriebssicherheit und Unempfindlichkeit gegenüber Überspannungen und Kurzschlußbeanspruchungen aus. Im Vergleich zum Nadelgleichrichter arbeiten Trockengleichrichter geräuschlos und erzeugen keine störenden Hochfrequenzimpulse.

Moderne Stoßanlagen werden von einem Steuerpult aus bedient, wobei u. a. die Höhe der Ladespannung und des Ladestromes, die Funkenstreckenschlagweite sowie die Auslösung der Impulse für die Zündfunkenstrecke und für andere angeschlossene Geräte wie z. B. den Oszillographen und die Abschneidevorrichtung eingestellt und überwacht wird.

Abb. 1.4 zeigt einen 20stufigen Stoßgenerator in geschachtelter Bauart für 4,8 MV und 480 kWs der Firma Haefely (Schweiz).

1.3. Die Erzeugung hoher Stromstöße. Der Stromstoßgenerator

Ein Stromstoß wird allgemein durch die Entladung einer Kapazität C über den Widerstand R und die Induktivität L in der in Abb. 1.5 gezeigten Schaltung erzeugt. Ist der Kondensator auf die Spannung U_0 geladen, so ergibt sich für die Stromwelle:

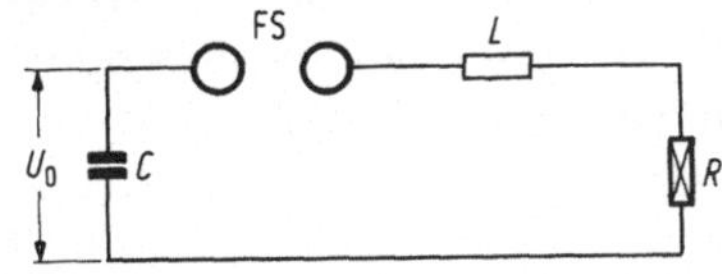

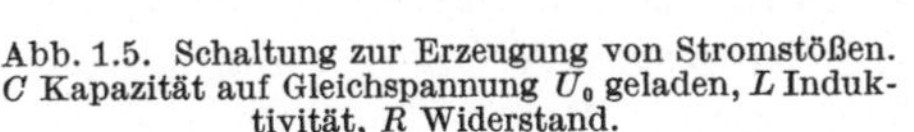
Abb. 1.5. Schaltung zur Erzeugung von Stromstößen. C Kapazität auf Gleichspannung U_0 geladen, L Induktivität, R Widerstand.

Für den Fall eines unterkritisch gedämpften Kreises mit

$$\sqrt{\frac{R^2}{4L^2} - \frac{1}{LC}} = \sqrt{\beta^2 - \omega^2} < 0$$

$$I = \frac{U_0}{\omega L}\, e^{-\beta t} \sin \omega t \qquad (9)$$

bei kritischer Dämpfung $\left(R = 2\sqrt{L/C}\right)$ ist

$$I = \frac{U_0}{L}\, t\, e^{-\beta t} \tag{10}$$

und für den überkritisch gedämpften Kreis mit $\sqrt{\beta^2 - \omega^2} > 0$:

$$I = \frac{U_0}{\omega_0 L}\, e^{-\beta t}\, \sinh \omega t\ . \tag{11}$$

Aus diesen Gleichungen und der im Abschnitt 1.1. definierten Front- und Rückenhalbwertdauer T_1 und T_2 eines Stoßkreises können nun folgende Parameter eingeführt werden:

$$X = \omega_0\, T_1\ , \tag{12}$$

$$Y = 2\,\frac{\beta}{\omega_0^2} \cdot \frac{1}{T_1}\ , \tag{13}$$

$$Z = \frac{I_0\, \omega\, L}{U_0} \cdot \omega_0^2\, T_1\ . \tag{14}$$

Die Parameter X, Y und Z sind in Abhängigkeit von T_2/T_1 auf Abb. 1.6 eingetragen. Für einen Stromstoß mit dem Scheitelwert I_0 können dann aus den Werten X, Y und Z die Stoßkreisparameter L, R und U_0 bestimmt werden (es wird angenommen, daß die Stoßkreiskapazität C gegeben ist):

$$L = \left(\frac{T_1}{X}\right)^2 \cdot \frac{1}{C}\ , \tag{15}$$

$$R = Y \cdot T_1 \cdot \frac{1}{C}\ , \tag{16}$$

$$U_0 = I_0 \cdot \frac{T_1}{Z} \cdot \frac{1}{C}\ . \tag{17}$$

Gln. (15) bis (17) geben den Gesamtwiderstand bzw. -induktivität und die Gesamtspannung des Stromstoßkreises. Streuinduktivitäten, Widerstand und Induktivität des Prüflings, sowie eine etwa vorhandene Gegenspannung, wie z. B. bei der Prüfung von Überspannungsableitern, sind entsprechend zu berücksichtigen. Bezeichnet man diese mit R', L' und U_0', so ergeben sich die im Ersatzschema einzustellenden Parameter zu

$$R'' = R - R'\ , \tag{18}$$

$$L'' = L - L'\ , \tag{19}$$

$$U_0'' = U_0 + U_0'\ . \tag{20}$$

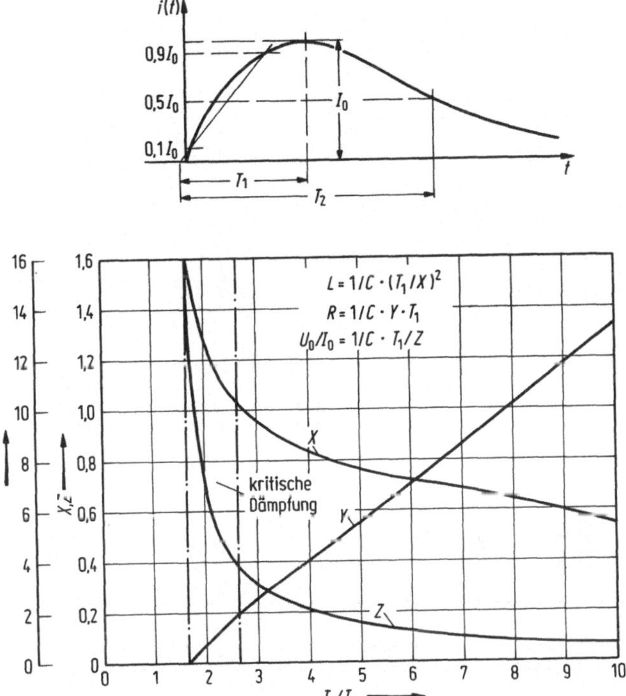

Abb. 1.6. Diagramm zur Ermittlung der Stromstoßkreisparameter für erwünschte Front- und Halbwertszeiten T_1 und T_2.

Als Beispiel sei die Auswahl der Parameter für einen 8/20-Stromstoß von 10 kA Scheitelwert angeführt. Die Stoßkapazität C soll 10^{-6} F betragen. Abb. 1.6 entnimmt man für $T_2/T_1 = 2{,}5$; $X = 1{,}06$, $Y = 1{,}65$, $Z = 0{,}415$:

$$R = 1{,}32\ \Omega,$$
$$L = 5{,}7\ \mu\text{H},$$
$$U_0 = 19{,}3\ \text{kV}.$$

Abb. 1.6 ermöglicht somit ein rasches Einstellen der Kreisparameter für den gewünschten Verlauf des Stromstoßes.

Bei der Erzeugung von Rechteckstößen werden andere Wege beschritten. Die saubersten und relativ einfachsten Schaltungen ergeben sich durch Anwendung geladener, entsprechend abgeschlossener Wellenleiter und Kettenleiter für Stöße mit längerer Dauer. Das Schaltbild eines auf die Spannung U_0 geladenen Wellenleiters mit L' und C' der an einem Ende reflexionsfrei mit dem Wellenwiderstand

$$R_0 = Z_0 = \sqrt{\frac{L'}{C'}} \tag{21}$$

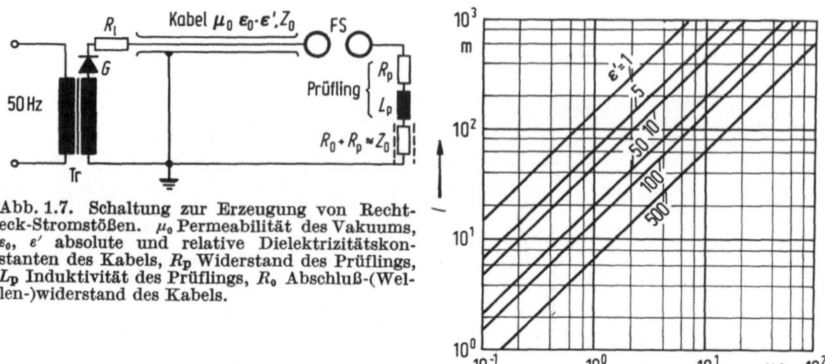

Abb. 1.7. Schaltung zur Erzeugung von Rechteck-Stromstößen. μ_0 Permeabilität des Vakuums, ε_0, ε' absolute und relative Dielektrizitätskonstanten des Kabels, R_p Widerstand des Prüflings, L_p Induktivität des Prüflings, R_0 Abschluß-(Wellen-)widerstand des Kabels.

Abb. 1.7 a. Erforderliche Kabellänge l in Abhängigkeit von ε und der Laufzeit $2\,T$.

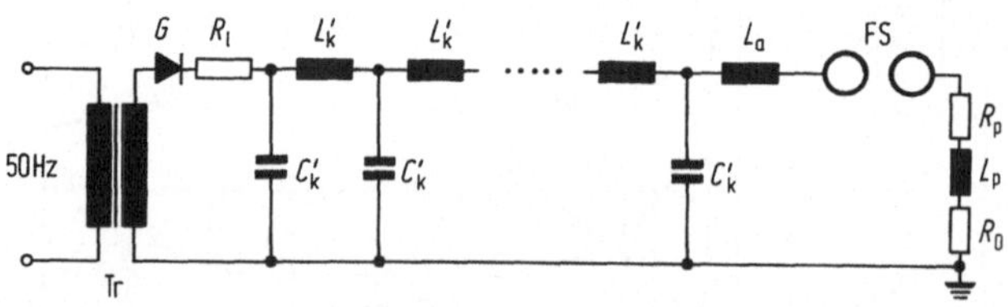

Abb. 1.7 b. Schema eines aus konzentrierten Elementen aufgebauten Kettenleiters für die Erzeugung von Stromstößen. L'_k Induktivität eines Elementes, C'_k Kapazität eines Elementes.

abgeschlossen ist und über einen hohen Widerstand R_1 geladen wird, so daß der Wellenleiter als einseitig mit $R_1 = \infty$ abgeschlossen angenommen werden kann, ist in Abb. 1.7 gegeben. Der Stromstoß ist dann durch

$$i(t) = \frac{U_0}{2\,Z_0}\,[\varepsilon(t) - \varepsilon\,(t - 2\,T)] \tag{22}$$

gegeben, mit der Sprungfunktion $\varepsilon(t)$,

$$T = l\sqrt{L'\,C'} = l\sqrt{\mu_0\,\varepsilon'\,\varepsilon_0} \tag{23}$$

der Wellenlaufzeit, und l der Länge des Wellenleiters.

Gl. (23) ist auf Abb. 1.7a für verschiedene ε' als Parameter dargestellt. Wie ersichtlich, würde man selbst für die Erzeugung von verhältnismäßig kurzen Stromstößen von etwa $10\,\mu\mathrm{s}$ bei ε'-Werten von $\varepsilon' = 5\cdots10$ mehrere 100 m lange Wellenleiter benötigen.

Für Rechteck-Stromstöße von 500 bis $2000\,\mu\mathrm{s}$ ist es somit notwendig, auf Kettenleiter mit wesentlich höheren, konzentrierten Kapazitäten und Induktivitäten pro Längeneinheit überzugehen (s. Abb. 1.7 b). Übertrifft die Anzahl der Elemente $n = 5$, so darf mit guter Annäherung Gl. (23) angewandt werden, die dann zu

$$T_\mathrm{k} \approx n\sqrt{C'_\mathrm{k}\,L'_\mathrm{k}} \tag{24}$$

wird.

Durch die endliche Anzahl der Kettenleiterelemente und den nicht reflexionsfreien Abschluß durch den Prüfling, der oft eine induktive Komponente aufweist, wird der Stromstoß, insbesondere im Anstieg und Abfall, Schwingungen aufweisen. Böning [2] hat in seiner Dissertation die Erzeugung derartiger Rechteckstöße theoretisch und experimentell untersucht und gefunden, daß ein geringes Überschwingen von weniger als $3^0/_{00}$ dann erreicht wird, wenn in der Schaltung nach Abb. 1.7b $R_0 = \sqrt{L_k'/C_k'}$ und $L_a = L_k'$ gewählt wird.

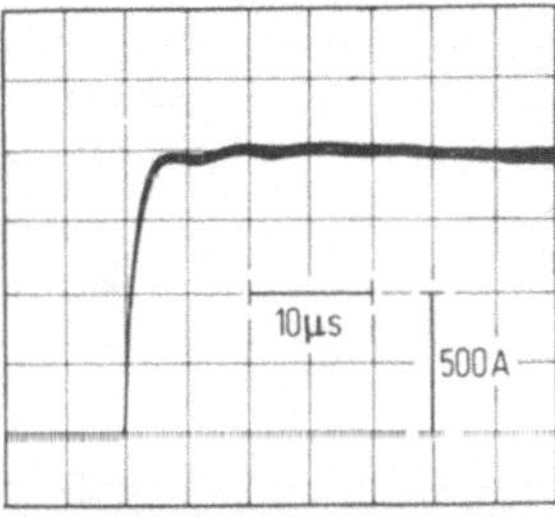

Abb. 1.8. Oszillogramm eines 1000-A-Rechteck-Stromstoßes.

Abb. 1.8 a 120 kWs, 150 kA-Stoßgenerator für Norm- und Rechteckstoßstrom mit Steuer- und Registriergeräten der Firma E. Haefely & Cie, Schweiz.

Das entsprechende Stromstoßoszillogramm für einen Kettenleiter mit $n = 10$ Gliedern ist in Abb. 1.8 gegeben.

Bei der Stromstoßprüfung eines Prüflings mit dem Widerstand R_p und der Induktivität L_p sollen die Kettenleiterparameter durch Auswahl von

$$L_k' = L_p; \quad C_k' = \frac{R_p^2}{L_p} \tag{25}$$

dem Prüfling angepaßt werden. Die Anzahl n der Glieder ergibt sich aus Gl. (24) aus der gewünschten Stromstoßdauer $2\,T$. Werden für L'_k und C'_k ungünstige Werte erhalten, so kann dem Prüfling ein Zusatzwiderstand R'_p oder eine zusätzliche Induktivität L'_p in Reihe geschaltet werden.

Stromstoßgeneratoren werden ähnlich wie Stoßspannungsgeneratoren gebaut. Spannungsmäßig weniger beansprucht, ist insbesondere auf ausreichende dynamische Festigkeit zu achten, wobei Stromanschlüsse und -verbindungen entsprechend auszulegen sind. Die oft erforderlichen hohen Scheitelwerte von mehreren 100 kA können nur durch eine niedrige Induktivität L des Stoßkreises erreicht werden. Diese Bedingung ist wegleitend für die Formgebung der Kondensatoren und für den räumlichen Aufbau der Prüfanordnung. Abb. 1.8a zeigt eine 120-kWs-, 150-kA-Stoßstromanlage mit mehreren parallel geschalteten Teilkapazitäten, die ringartig um den Prüfling angeordnet sind. Zuleitungen und Rückleitungen zwischen Prüfling und Generator werden mit kleinstmöglichem Abstand parallel geführt um minimale Induktivität zu erreichen.

1.4. Das Stoßkreis-Schaltelement

Von einem Stoßkreis-Schaltelement wird ein breiter Arbeitsbereich verlangt: Es sollen Stoßspannungen von einigen kV bis zu mehreren MV und (oder) Stromstöße bis zu mehreren 100 kA geschaltet werden. Ein derartiger Schalter soll folgenden Anforderungen entsprechen: Der Widerstand vor dem Schalten soll möglichst hoch sein, nach dem Schalten praktisch Null sein; der Schalter soll eine geringe Induktivität aufweisen; die Schaltdauer möglichst kurz und die Wiederholungsfrequenz hoch sein, d. h. die Wiederherstellung des Anfangszustandes soll möglichst rasch erfolgen.

Hierzu kommt die Forderung nach einer möglichst genauen Steuerung des Schaltmomentes, die einerseits Prüfung und Messung feiner und präziser gestalten und andererseits eine Synchronisierung der Stoßauslösung mit anderen Vorgängen ermöglichen soll.

Luftisolierte Elektrodenanordnungen wie z. B. die Funkenstrecke entsprechen den meisten der genannten Anforderungen und werden auch vielfach als Stoßkreis-Schaltelemente verwendet. Soll jedoch der Schaltvorgang gesteuert und von der statischen oder natürlichen Durchschlagspannung weitgehend unabhängig gestaltet werden, oder sollen sehr hohe und steile Stoßspannungen und Ströme praktisch verzugslos geschaltet werden, so ist es notwendig, andere, verbesserte Anordnungen zu gebrauchen. Diese können in (a) gesteuerte Funkenstrecken, (b) Schalter mit Magnetfeldauslösung und (c) Anordnungen mit Ignitrons, Thyratrons usw. eingeteilt werden.

Die von Craggs, Meek und Haine [3] entwickelte gesteuerte Funkenstrecke oder Trigatron ist schematisch auf Abb. 1.9 dargestellt.

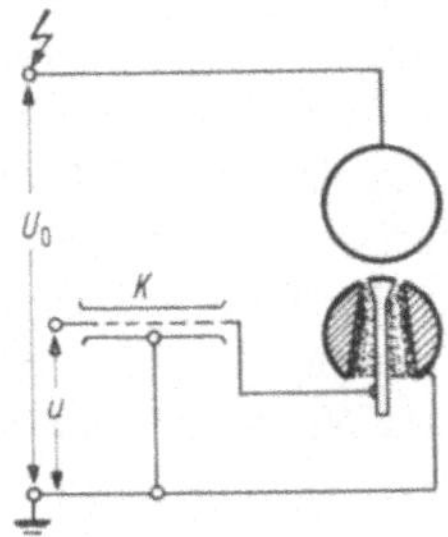

Abb. 1.9. Schema einer gesteuerten Funkenstrecke oder Triggatrons. U_0 Stoßspannungs-Scheitelwert, u Spannung des Zündstiftes oder Zündspannung.

Sie enthält zumeist eine Halbkugel oder Rogowski-Elektrode mit isoliert eingesetztem Zündstift und die Gegenelektrode. Wird die zwischen Zündstift und einhüllender Elektrode vorhandene Isolierstrecke durch einen Zündimpuls durchschlagen, so werden Ladungsträger und ultraviolette Strahlung in den Luftspalt zwischen den beiden Hauptelektroden gebracht und der eigentliche Schaltvorgang eingeleitet. Die Zündspannung beträgt etwa 10 bis 20 kV.

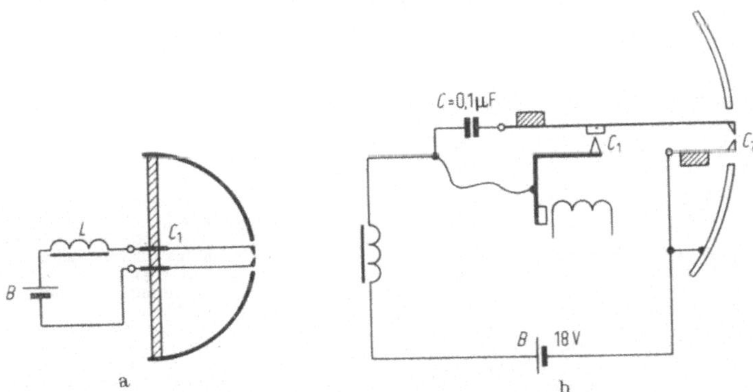

Abb. 1.10. Schema einer gesteuerten FS mit Niederspannungs-Zündimpulsauslösung. B Batterie, L Speicherinduktivität, C_1, C_2 Relaiskontakte.

Um die Zündspannung zu verringern und die isolationstechnischen Schwierigkeiten, die sich ergeben, wenn die den Zündstift umhüllende Elektrode nicht geerdet ist, zu beheben, verwendet Broadbent [4] einen Niederspannungs-Zündimpuls. Abb. 1.10a entsprechend wird der Zündimpuls jetzt an der Triggerelektrode selbst durch Öffnen der Kontakte C_1 und Entladung der in der Induktivität L gespeicherten magnetischen Energie erhalten. Batteriespannungen von 10 bis 20 V und Induktivitäten von 30 bis 200 nH genügen für einwandfreie Zündung.

Abb. 1.10b zeigt eine entsprechende ferngesteuerte Lichtimpuls-Auslösevorrichtung, die samt Batterie in der Funkenstreckenelektrode angeordnet ist. Ein Relais betätigt die beiden Kontakte C_1 und C_2, die hintereinander die Gleichstromblockierung durch den Kondensator C aufheben und den Lichtbogen an der Oberfläche der Zündelektrode erzeugen. Die Zündung kann durch einen Lichtstrahl über Entfernungen von mehreren 10 m eingeleitet werden. Die Anordnung stellt eine interessante Weiterentwicklung der gesteuerten Funkenstrecke dar, die dann an eine beliebige Spannung des Stoßgenerators gelegt werden kann. Als Nachteil sind die beiden mechanischen Kontakte mit ihrer für Stoßvorgänge zu großen Streuung und Verzugsdauer anzusehen, die eine Verwendung der Anordnung für die Erzeugung von zeitgenau abgeschnittenen Spannungen ausschließt.

Eine gesteuerte Funkenstrecke ist durch folgende Parameter gekennzeichnet: Die statische Durchschlagspannung U_{ds}, die der minimalen Durchschlagspannung der Hauptelektroden ohne Zündimpuls entspricht, die untere Grenzspannung $U_{\mathrm{d\,min}}$ die bei ausgelöstem Zündimpuls noch zu einem Durchschlag führt, den Schaltverzug T_{v} zwischen dem Eintreffen des Zündimpulses und dem erfolgten Durchschlag, und die Abweichung (Jitter) ΔT_{v} des Schaltverzuges während wiederholter Schaltungen unter sonst gleichen Bedingungen.

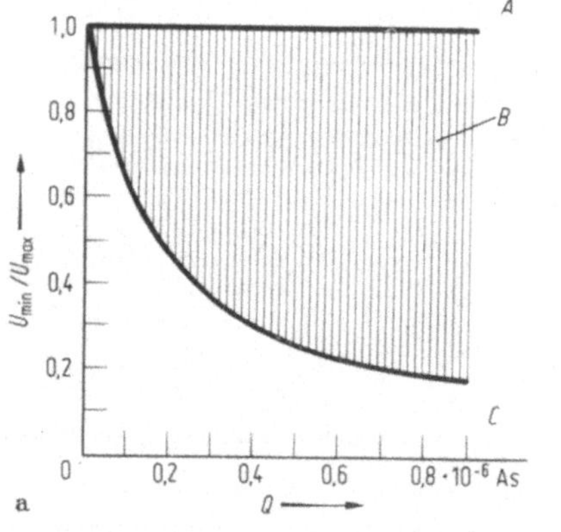

Abb. 1.11. a) Arbeitsbereich gesteuerter FS nach T. J. Williams. a (schraffiert) Arbeitsbereich, $U_{\max}$ maximale Durchschlagspannung bei Zündung ohne Hilfsfunken, $U_{\min}$ minimale Durchschlagspannung bei Zündung mit Hilfsfunken, Q Ladung, A FS zündet auch ohne Hilfsfunken, B FS zündet nur bei vorhandenem Hilfsfunken, C FS zündet selbst bei vorhandenem Hilfsfunken nicht. b) Polaritäten der gesteuerten FS zu den Ergebnissen nach Abb. 1.11a.

Williams [5] gelangt zu folgenden Ergebnissen: Die untere Grenzspannung $U_{\mathrm{d\,min}}$ ist nach Abb. 1.11 eine Funktion der Ladung Q des Zünd- oder Hilfsfunkens. Der Arbeitsbereich einer gesteuerten Funkenstrecke ist am größten, wenn gemäß Abb. 1.11 die den Zündstift einhüllende Elektrode ein positives Potential gegenüber der Gegenelektrode aufweist. Die Verzögerung zwischen Zündfunken und Hauptentladung ist eine exponentielle Funktion der Spannung U_{d} an den Hauptelektroden und zudem vom Verhältnis E/p von Feldstärke und

Gasdruck abhängig. Kurze T_v mit geringer Streuung ΔT_v werden dann erreicht, wenn der Zündstift negativ gegenüber der einhüllenden Elektrode, und diese selbst negativ gegenüber der Gegenelektrode ist.

Gesteuerte Funkenstrecken werden sowohl in Stoßspannungs- als auch in Stoßstromkreisen verwendet. Der Schaltverzug variiert zwischen 20 und 40 ns, die Entladungsdauer ist auf einige 100 ms begrenzt.

Bei Anwendung der gesteuerten Funkenstrecke als Stromschalter wird diese oft als Vakuumschalter [6] mit Luft- oder Edelgasdruck von 20 bis 50 mbar oder in Druckgefäßen mit 1 bis 10 bar Überdruck angeordnet [7—10]. In den beiden Fällen wird eine Verringerung der Funkenstreckenabmessungen, d. h. eine Herabsetzung der Induktivität und höhere Schaltfrequenzen bei geringerer Abnützung der Elektroden erreicht.

Eine interessante Entwicklung stellt der Schalter mit Magnetauslösung dar [11]. Es handelt sich dabei um eine aus zwei konzentrischen Elektroden aufgebaute Funkenstrecke im Vakuum (Drücke unter 1 mbar). Der Schaltimpuls wird durch stoßartige Erregung der Magnetfeldspule erhalten, die ein axiales, zum elektrischen Feld senkrecht gerichtetes Magnetfeld von einigen hundertstel Vs/m² erzeugt.

Der Durchschlagmechanismus der auf Abb. 1.12 gezeigten Funkenstrecke mit Magnetfeldauslösung kann durch die von Haefer [12] entwickelte Theorie über den Durchschlag in gekreuzten magnetischen und elektrischen Feldern erklärt werden: Ohne Magnetfeld findet infolge des gewählten Gasdruckes und Elektrodenabstandes, der gleich oder größer als die mittlere freie Weglänge ist, keine Ionisierung des Restgases statt. Bei einwirkendem Magnetfeld wird durch die spiralförmige Elektronenbewegung der zurückgelegte Weg zwischen den beiden Elektroden verlängert und somit eine Ionisierung des Gases und die Zündung selbst hervorgerufen. Schalter für 100 bis 200 kA und 50 bis 100 kV werden unter dem Namen Artatron hergestellt.

Als Vorteil kann die nichtgalvanische Verbindung zwischen Zündkreis und Schaltkreis sowie der kompakte, koaxiale Aufbau angesehen werden. Durch seinen verhältnismäßig großen Schaltverzug ist das Artatron als Stromschalter vorwiegend für „langsame" Stromstöße geeignet.

Funkenstrecken können mit Hilfe eines Laserstrahles ausgelöst werden [13]. Hierbei wird der Lichtstrahl eines Q-geschalteten Lasers (Zeitdauer des Lichtimpulses etwa 20 ns, Leistung 1 bis 50 MW) in den Raum zwischen den Elektroden fokussiert (Abb. 1.12a). Das sehr starke elektrische Feld der elektromagnetischen Welle in der Nähe des Brennpunktes ionisiert das Gas. Je nach Gasart, Gasdruck und Fokussierung werden kleinere oder größere Teile des Zwischenelektrodenraumes ionisiert. Der Vorgang findet in einigen ns statt. Der Restteil

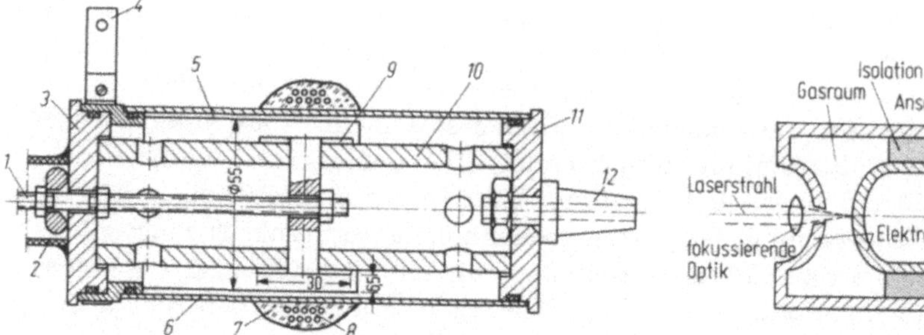

Abb. 1.12. Magnetisch gesteuerte Funkenstrecke. Die Teilelemente sind: *1* Anodenanschluß, *2* Schirm, *3* u. *11* Kunststoffdeckel, *4* Kathodenanschluß, *5* Kathode (Neusilber), *6* Pyrexrohr, *7* Epoxydharz, *8* Spule, *9* Anode (Meßring), *10* keramische Anodenstütze, *12* Pumpenanschluß.

Abb. 1.12 a. Prinzipieller Aufbau einer Laser-gezündeten FS.

Abb. 1.12 b. Hochspannungs-Deuteriumthyratons

des Zwischenelektrodenraumes befindet sich unter einer Überspannung, die den Durchschlag einleitet. Unter günstigen Umständen kann das vom Laserstrahl aufgebaute Plasma eine leitende Brücke zwischen den Elektroden bilden. Die Funkenstrecke kann dann in einem weiten Bereich gezündet werden, z. B. zwischen 2 und 100% der statischen Durchschlagspannung. Der Entladeverzug ist bei genügender Ionisation gering (10^{-8} s), und die Streuung des Entladeverzugs 10^{-9} s. Als Vorteil der Laser-gezündeten Funkenstrecke kann die Möglichkeit einer genauen Synchronisierung und die gleichzeitige Auslösung mehrerer Vorgänge angesehen werden. Dazu kommt die Anwendbarkeit bis zu den höchsten Spannungen und die vollständige Trennung des

Zündkreises vom Hochspannungskreis. Zuletzt sollen Ignitrons und Hochspannungs-Thyratrons erwähnt werden. Ignitrons werden für Spannungen von mehreren 10 kV hergestellt; Stromstöße von 10 kA und 10 bis 20 ms können dabei geschaltet werden. Durch besondere Auslegung des Zündkreises können Verzugszeiten von 30 ns mit Streuungen von 10 ns erreicht werden.

Hochspannungs-Thyratrons mit Wasserstoff- oder vorteilhafter mit Deuteriumfüllung können in Stoßspannungs- und Stoßstromkreisen als Schalter sehr hoher Präzision verwendet werden.

Das als Tetrode sehr kompakt gebaute Hochspannungs-Thyratron ist in einem Keramikrohr mit Durchmessern von ca. 140 mm und Höhen von weniger als 200 mm pro 40 kV Schaltspannung angeordnet (modulare Bauart). Im Isolierrohr sind Anode, Kathode, Edelgas-behälter und die beiden Gitter G_1 und G_2 angeordnet. Metallische Ringe zwecks Potentialsteuerung umgeben das Rohr. Die beiden Gitter-zündimpulse bestimmen bei entsprechend eingestellten Kathoden-Heizspannung und Edelgasdruck („Reservoirspannung") die Schalt-parameter. Verzugsfreie positive Impulse von etwa 1000 V Scheitel-wert und 1 bis 10 kV/µs Steilheit werden an G_1 und 0,5 bis 3 µs später an G_2 gelegt, wobei G_2 vorher negativ vorgespannt war.

Das Schalten erfolgt dann mit konstantem Gesamtverzug von einigen 10 µs, wobei Schwankungen von Puls zu Puls von wenigen ns erreicht werden können.

Hochspannungs-Thyratrons werden für Spannungen bis 160 kV, Stromstöße von 5 bis 20 kA und Grenz-Stromanstiegszeiten von 100 A/ns hergestellt. (s. Abb. 1.12b). Bei mehreren Schaltungen pro Sekunde sind Lebensdauern von 10^7 bis 10^8 Stößen erreicht worden; der Gesamtjitter blieb unter 6 ns. Falls erforderlich, können hohe Schalt-kadenzen mit nur 50 µs Ruhezeit erreicht werden. Durch geeignete Hilfskreisschaltungen kann das Thyratron auch mit isolierter, auf Hoch-spannungspotential liegender Kathode und als Schalter für Abschneide-vorgänge verwendet werden.

Magnetisch betätigte, dünne Isolierfolien durchschlagende mecha-nische Schalter sind für Einzelstöße mit 40 kV und 100 kA erprobt worden.

1.5. Die Erzeugung von im Rücken und in der Front abgeschnittenen Stoßspannungen

Eine wichtige Rolle kommt den Funkenstrecken bei der Erzeugung von abgeschnittenen Stoßspannungen zu. Die Prüfung mit derartigen Stößen soll den Nachweis der Festigkeit von Hochspannungsgeräten bei durch atmosphärische Überspannungen an Anschlußklemmen oder in unmittelbarer Nähe erfolgten Überschlägen erbringen.

Für eine einwandfreie Durchführung der Prüfung und Deutung der Versuchsergebnisse ist ein *zeitgenaues Abschneiden* wichtig. Allgemein wird verlangt, daß gemäß Abb. 1.1 b die $T_c = 2 \cdots 5\,\mu s$ betragenden Abschneidezeiten von im Rücken abgeschnittenen Stößen mit einer Abweichung von 0,1 bis 0,5 μs eingehalten werden sollen. Bei nach $T_c < 1\,\mu s$ abgeschnittenen Steilstößen soll die Abweichung $\leq 0,1\,\mu s$ sein.

Abgeschnittene Stöße werden durch unmittelbare Parallelschaltung zum Prüfling von ungesteuerten oder gesteuerten Funkenstrecken erzeugt.

Von den nicht gesteuerten Funkenstrecken wird zumeist die Stabfunkenstrecke verwendet. Ihre Kennlinien, d. h. der Ansprechverzug T_{av} in Abhängigkeit des (positiven) Normstoßes 1,2/50 und der Schlagweite s sind in Abb. 1.13 gezeigt. Stabfunkenstrecken weisen infolge ihres Entlademechanismus eine Streuung der Abschneidezeit T_c auf,

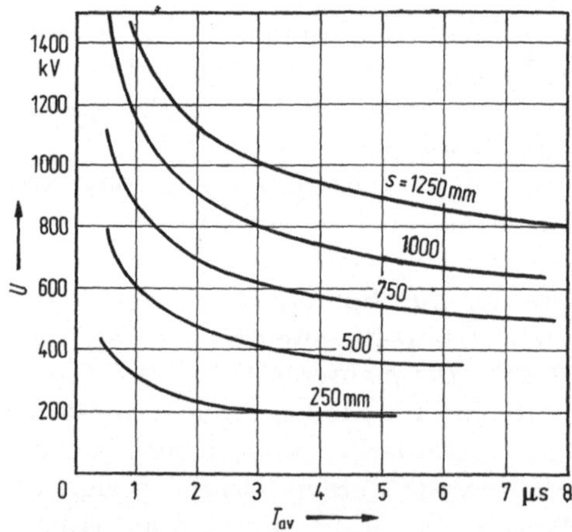

Abb. 1.13. Kennlinien von Stab-FS bei positivem Normstoß, 1.2/50 und Normalzustand der Luft. U 50%-Stoß-Überschlagspannung, s Schlagweite, T_{av} Ansprechverzug.

insbesondere bei Stoßspannungen von einigen 100 kV. Bei höheren Stoßspannungen gibt Gänger [14] Werte von $\Delta T_c \approx 0,5\,\mu s$ für nach 3 μs abgeschnittene Stöße bei feiner, stufenweiser Ein- und Nachstellung der Schlagweite an.

Um wiederholte Einstellungen im Laufe einer Prüf- und Kontrollstoßreihe zu vermeiden und eine möglichst geringe Streuung der Abschneidezeit zu erhalten, wird man bestrebt sein gesteuerte Funkenstrecken zu verwenden. Dabei können sowohl Trigatrons als auch Drei- und Mehrelektrodenanordnungen verwendet werden.

Das Schema einer Abschneideanordnung mit gesteuerter Funkenstrecke ist in Abb. 1.14 dargestellt. Der Zündimpuls wird durch Differenzierung an der Kapazität C_1 der (nach erfolgtem Durchschlag der ersten Schaltfunkenstrecke des Stoßgenerators) am Widerstand R_c

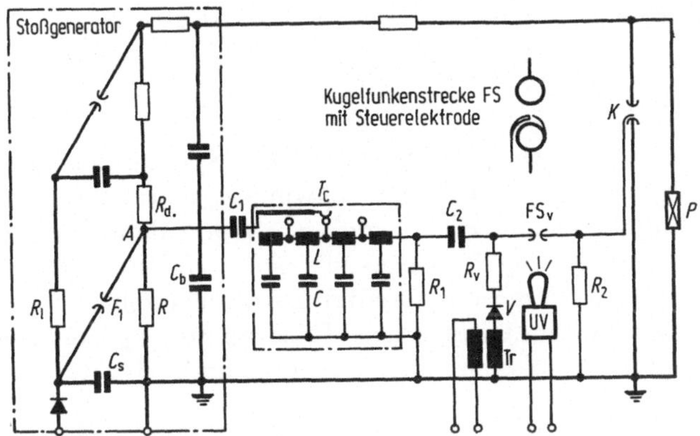

Abb. 1.14. Abschneidevorrichtung mit gesteuerter FS nach Auth und Schindelin. *St* Stoßgenerator, C_1 Kapazität zur Differenzierung des Impulses, C, L Kapazitäten und Induktivitäten des Verzögerungsgliedes um T_{av}, C_2 zweite Impuls-Differenzierungskapazität, V Vorspannungsgleichrichter, R_v Widerstand im Vorspannungskreis, FS_v mit Gleichspannung vorgespannte Hilfs-FS, UV Ultraviolettlampe, FS getriggerte Abschneide-FS, P Prüfling, R_2 hochohmiger Widerstand.

erscheinenden Spannung, oder vorteilhafter an der Erdverbindung des Stoßgenerators abgegriffen, indem dann die etwa vorhandenen zeitlichen Schwankungen in der Zündung der Stoßgenerator-Funkenstrecken beseitigt werden. Abb. 1.15a zeigt eine Anordnung mit zwei

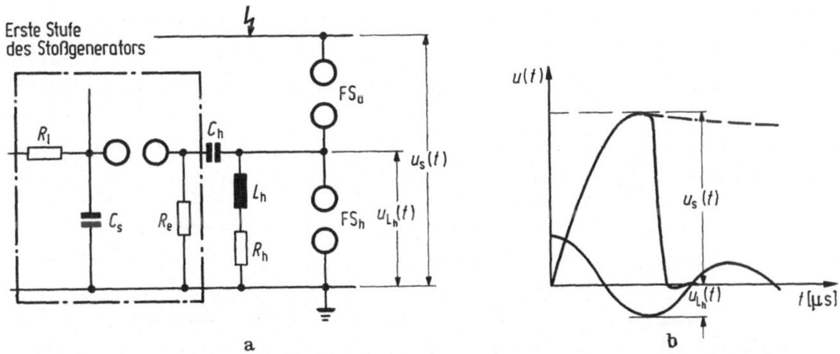

Abb. 1.15 a und b. Schema eines Abschneidekreises mit Hilfs-FS nach Meierhofer. C_h, L_h, R_h Elemente des gedämpft schwingenden Hilfskreises, FS_h Hilfs-FS, FS_a Abschneide-FS, $u_s(t)$ Verlauf der Stoßspannung, $u_{L_h}(t)$ $u_{L_h}(t)$ Verlauf der Hilfskreisspannung.

Funkenstrecken FS_a und FS_h [15]. Die Hilfsfunkenstrecke FS_h liegt parallel zur Induktivität L_h des gedämpften Schwingkreises $C_h - L_h - R_h$, der beim Durchschlag der ersten Schaltfunkenstrecke mit der Stufenspannung u_1 erregt wird. Bei vernachlässigbarer Dämpfung und mit $C_h \ll C_s$ gilt für die Spannung an L_h und FS_h

$$u_{L_h}(t) \approx u_1 \cos \omega\, t \approx u_1 \cos \frac{1}{\sqrt{L_h\, C_h}} t \qquad (26$$

und für die Spannung an der Abschneidefunkenstrecke

$$u_{\mathrm{FS_a}}(t) = u_{\mathrm{s}}(t) - u_{\mathrm{L_h}}(t) \tag{27}$$

mit der Stoßspannung $u_{\mathrm{s}}(t)$.

$\mathrm{FS_h}$ wird so eingestellt, daß bei maximaler Spannung u_l kein Durchschlag erfolgt. Werden noch die Schwingkreisparameter C_h und L_h derart gewählt, daß $\omega = \pi/2\,T_\mathrm{c}$ und die Abschneidefunkenstrecke für die Spannung $u_\mathrm{s}(t) = u_\mathrm{s}(T_\mathrm{c})$ eingestellt, so erfolgt gemäß Abb. 1.15b der Durchschlag nach der eingestellten Abschneidezeit T_c.

Infolge des Nulldurchgangs der Hilfsspannung $u_{\mathrm{L_h}}$ und des maximalen $du_{\mathrm{L_h}}/dt$ ist dann auch der Zündverzug am geringsten.

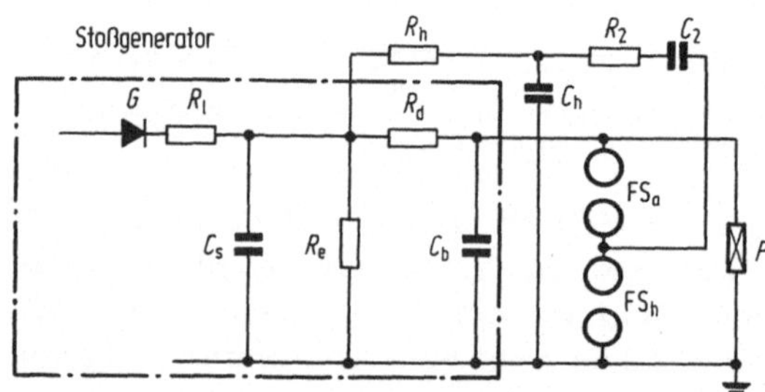

Abb. 1.16. Schema eines Abschneidekreises nach Johnson. R_h, C_h Elemente des neliar ansteigenden Spannungskreises, der nach T_a das Ansprechen der Hilfs-FS $\mathrm{FS_h}$ hervorruft, R_2, C_2 Elemente des Impuls-Versteilungsgliedes, $\mathrm{FS_a}$ Hauptabschneide-FS.

Die Anordnung nach Abb. 1.16 besteht aus drei Kugelfunkenstrecken [16] oder ähnlichen Elektroden. Über das R_h–C_h-Glied wird zwischen der mittleren und erdseitigen Elektrode der unteren $\mathrm{FS_h}$ eine linear ansteigende, nach der Abschneidezeit T_a den Durchschlag hervorrufende Spannung erzeugt. Der Abschneidevorgang wird durch den fast gleichzeitigen Durchschlag auch der oberen FS, die sprungartig

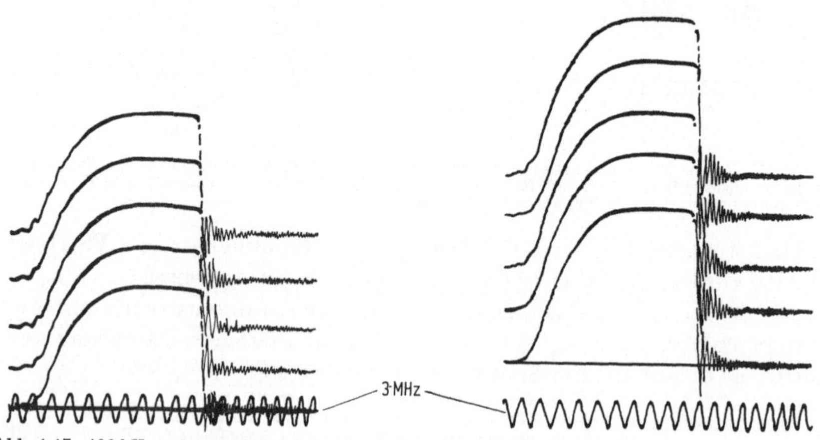

Abb. 1.17.   400 kV- und 520 kV-, nach 3 µs im Rücken abgeschnittene Stöße mit der Anordnung nach Abb. 1.14.

mit stark erhöhter Spannung beansprucht wird, eingeleitet. Bei hohen Stoßspannungen, etwa über 1000 kV, führen die großen Kugeldurchmesser und die notwendigen Sicherheitsabstände zu untragbaren Abmessungen der Abschneidevorrichtung. Eine Abhilfe kann z. B. durch Verwendung von ringartig geschirmten Kalotten, die dann mit verringerten Abmessungen ausgeführt werden können, geschaffen werden.

Der bereits bei Stabfunkenstrecken erwähnte Nachteil wiederholter Ein- und Nachstellungen der Schlagweiten verbleibt jedoch auch bei den in Abb. 1.15 und 1.16 dargestellten Varianten.

Abb. 1.17 zeigt eine Reihe nach 3 µs abgeschnittener Stöße von 400 kV und 520 kV Scheitelwert. Die Abschneideanordnung entspricht Abb. 1.14.

Zu den bisher erörterten, durch die IEC-Vorschriften festgelegten vollen und abgeschnittenen Stoßspannungen kann sich gelegentlich auch die Notwendigkeit von Prüfungen mit Stößen besonderer Form ergeben.

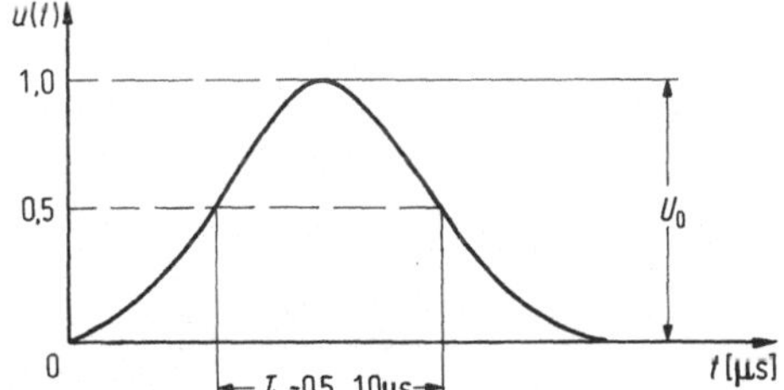

Abb. 1.18. Der Dreieckstoß. T_{hd} Halbwertdauer, U_0 Spannungsamplitude.

Ein derartiger Stoß ist der in Abb. 1.18 dargestellte, durch das Intervall T_{hd} in dem die Spannung zwischen dem 0,5- und 1,0-fachen Scheitelwert liegt, gekennzeichnete Dreieckstoß. T_{hd} kann z. B. Werte zwischen $0,5\,\mu\mathrm{s} < T_{\mathrm{hd}} < 1,0\,\mu\mathrm{s}$ annehmen. Der Dreieckstoß soll die bei Beanspruchung von Transformatoren, Drosselspulen u. ä. mit abgeschnittenen Stößen in die Wicklung einziehenden Spannungen nachbilden, und eine Prüfung der elektrischen Festigkeit der Wicklungsanordnungen ermöglichen.

Die Erzeugung und Messung dieser kurzzeitigen Stoßspannungen ist mit einigen Problemen verbunden, die sie für den Hochspannungstechniker umso reizvoller gestalten. Abb. 1.19 zeigt eine Schaltung zur Erzeugung von Dreieckstößen: Der Stoßgenerator wird durch die Leitung der Induktivität L und Länge l geerdet und der Prüfstoß am hochspannungsseitigen Ende abgegriffen. Es kann dann annähernd angenommen werden, daß die Stoßspannung am geerdeten Ende der Leitung mit entgegengesetztem Vorzeichen reflektiert wird. Der Dreieckstoß wird als Differenz der beiden Stoßwellen erhalten. Unter

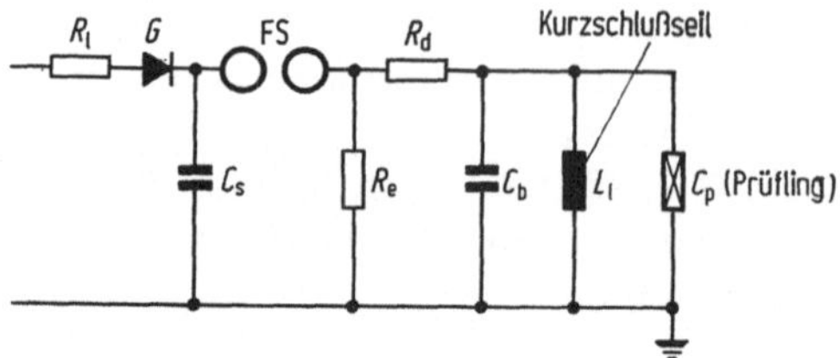

Abb. 1.19. Schaltung zur Erzeugung von Dreieckstößen. L Induktivität des Kurzschlußseils der Länge l, C_p Prüfling.

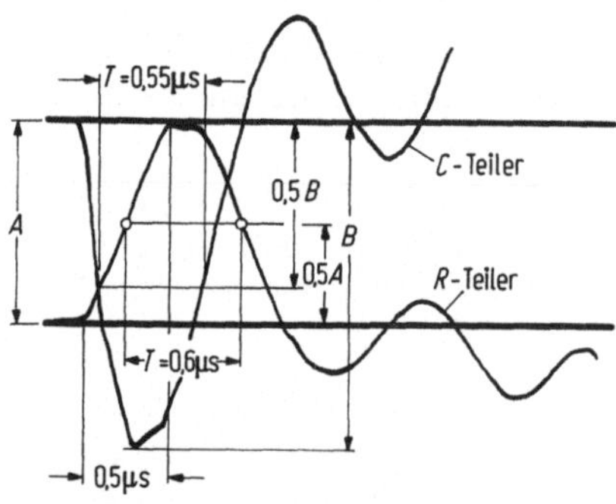

Abb. 1.19 a. Oszillogramm eines 0,55-µs, 400-kV-Dreieckstoßes ($\triangle$-Stoßes). Logarithmischer Zeitablauf mit $\tau = 2{,}5$ µs; Dreieckstoß mit C-Teiler (oben) und R-Teiler (unten) gleichzeitig aufgenommen.

Berücksichtigung von Gl. (1) kann für den Dreieckstoß annähernd

$$u_{\triangle}(t) \approx U_1 \frac{e^{-\frac{t}{\tau_2}} - e^{-\frac{t}{\tau_1}}}{1 - \frac{\tau_1}{\tau_2}} - K\,U_1 \frac{e^{-\frac{t-2T}{\tau_2}} - e^{-\frac{t-2T}{\tau_1}}}{1 - \frac{\tau_1}{\tau_2}} \tag{28}$$

gesetzt werden. T ist die der Kurzschlußleitung entsprechende Laufzeit und K ein durch die ohmschen Verluste bedingter Reduktionsfaktor der reflektierten Stoßwelle. Abb. 1.19a zeigt einen 0,55-µs-Dreieckstoß von 400 kV Scheitelwert, der bei logarithmischer Zeitablaufgeschwindigkeit mit $\tau = 2{,}5$ µs aufgenommen wurde.

1.6. Die Messung hoher Stoßspannungen und Ströme

1.6.1. Allgemeines

Die stets zunehmenden Nennspannungen von Hochspannungs-Übertragungssystemen stellen an die Meßtechnik immer neue Anforderungen. Den Übertragungsspannungen entsprechend nehmen die

Prüfspannungen, damit auch die Prüf-Stoßspannungen zu. Einer möglichst genauen Messung dieser Stoßspannungen kommt besondere Bedeutung zu, da Überbeanspruchungen der Geräte durch zu gering angezeigte Stoßspannungen einerseits, und ein Vortäuschen höherer Beanspruchungen allgemein vermieden werden soll.

Die Entwicklung und Vervollkommnung des Kathodenstrahloszillographen, sei es mit abgeschmolzener Röhre oder kalter Kathode, hat eine rasche Entfaltung der Stoßspannungs-Meßtechnik ermöglicht. Während man früher auf mühsame Scheitelwertmessungen und Anstiegszeitmessungen mit Binderschen Schleifen angewiesen war, ermöglichte der Oszillograph die unmittelbare Aufzeichnung des Vorganges mit seinen Einzelheiten. Die Höhe der Stoßspannung, die dem Ablenksystem des Oszillographen zugeführt werden kann ist jedoch begrenzt und bleibt selbst bei besonderen Typen unter 100 kV.

Es mußten somit Spannungsteiler entwickelt werden, die jedoch eine Verzerrung des Eingangstoßes und Meßfehler hervorgerufen haben.

Gabor [1] hat als erster zwischen Niederspannungsabgriff des Teilers und Oszillographen ein Meßkabel geschaltet und dessen Einfluß auf die Wiedergabe des Vorganges untersucht. Der von ihm verwendete Spannungsteiler, eine Reihenschaltung von Kapazität und Widerstand, wird heute für Stoßspannungsmessungen nicht mehr verwendet. Die weitere Entwicklung weist einen logischen Verlauf auf, der von der Untersuchung des Spannungsteilereinflusses auf die Wiedergabe bei stationären Wechselspannungen, die Liechti [18] durchgeführt hat, über die Wiedergabe bei Schrittspannung und Normstoß, die von Bellaschi [19], Elsner [20] und später von Howard [21] durchgeführt wurden, zur Ermittlung der Übertragungsfehler bei Steilstoß führt, die von Hyltén-Cavallius [22], Romano [23], Rohlfs [24], Oeszkaya [25] und Ašner [26, 27] untersucht wurden.

Während in den früheren Arbeiten nur der Einfluß des Spannungsteilers selbst untersucht wurde, und dies bei der Messung stationärer Wechselspannungen und gewissermaßen noch bei Normstoß berechtigt erschien [20], wird bei späteren Untersuchungen bereits der gesamte Meßkreis betrachtet [23 bis 27].

Parallel zu dieser Entwicklung verliefen auch die Tendenzen im Spannungsteilerbau: Solange der Teiler allein als Fehlerquelle betrachtet wurde, galt der rein kapazitive wegen der Unabhängigkeit seiner Frequenzübertragung als der ideale Teiler für Stoßspannungsmessungen. In diesem Sinne waren auch die Bemühungen zu verstehen, einen möglichst fehlerfreien Teiler zu bauen, sodaß Korrekturen vernachlässigt werden konnten [20]. Die meisten Bemühungen führten zu Teilern mit großer Längskapazität, so daß die Erdkapazität vernachlässigt werden durfte. Dies erwies sich später nachteilig für die

Meßgenauigkeit der Gesamtanordnung [27]. Erst mit dem Problem der Messung von kurzzeitigen Steilstößen trat die Notwendigkeit einer eingehenden Eichung der Gesamtmeßanordnung und genauer Ermittlung ihres Übertragungsfehlers deutlich hervor.

So ergaben die vom CICRE-Studienkomitee veranlaßten und 1956 veröffentlichten [28] Ergebnisse der in verschiedenen Versuchslokalen durchgeführten Vergleichsmessungen an 25-cm-Kugelfunkenstrecken mit 200 bis 300 kV-Steilstoß unzulässige Streuungen von 20 bis 30%, die zum größten Teil auf die Meßanordnungen zurückgeführt werden konnten.

Durch Anwendung moderner Prinzipien der Hochspannungs- und Hochfrequenz-(Impuls-)technik, wobei die gesamte Meßanordnung als ein Vierpol- oder Verzögerungsglied behandelt wird, sowie durch weitere Verbesserungen der einzelnen Elemente der Meßanordnung, sind seitdem rasche Fortschritte erzielt worden: Es ist heute möglich, Stoßspannungen von mehreren MV Scheitelwert und 0,5 µs Frontdauer mit einem Meßfehler von 2—3% zu bestimmen.

Dieser Fortschritt ist auf intensive Entwicklungen in zwei Richtungen zurückzuführen. Einerseits sind die einzelnen Elemente der Stoßspannungs-Meßanordnungen stetig verbessert, und andererseits Eichverfahren zur Bestimmung des Gesamtfehlers der Meßanordnung entwickelt worden.

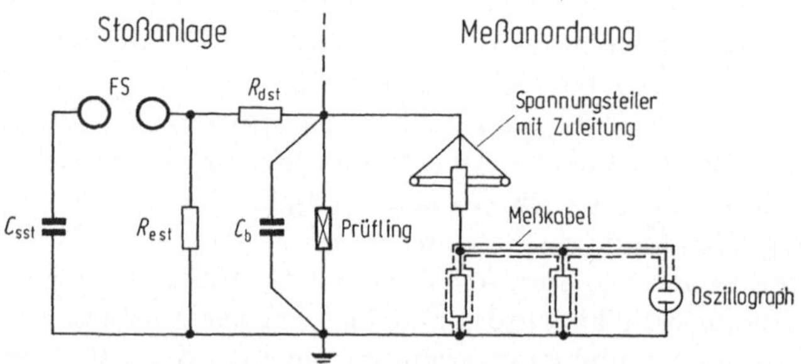

Abb. 1.20. Allgemeine Anordnung eines Stoßkreises.

Abb. 1.20 zeigt die wesentlichen Elemente einer Stoßspannungs-Meßanordnung: Die Zuleitung, Spannungsteiler, Meßkabel mit Abschlußwiderstand und Anzeigeinstrument, zumeist einem Oszillographen.

1.6.2. Die Zuleitung

Eine unmittelbare Messung der Stoßspannung am Eingang des Prüflings ist mit wenigen Ausnahmen nicht möglich. Die Abmessungen des Prüflings, die Höhe der Stoßspannung die zugleich auch die Abmessungen des Spannungsteilers bestimmt, bedingen das Einfügen einer

Verbindungsleitung, der Zuleitung, deren Länge bei Stößen über 2 MV über 10 m betragen kann.

Die Zuleitung wird dabei zumeist als Induktivität einer Freileitung mit Erdrückleitung zu 1,25 μH/m angenommen (Abb. 1.21 a).

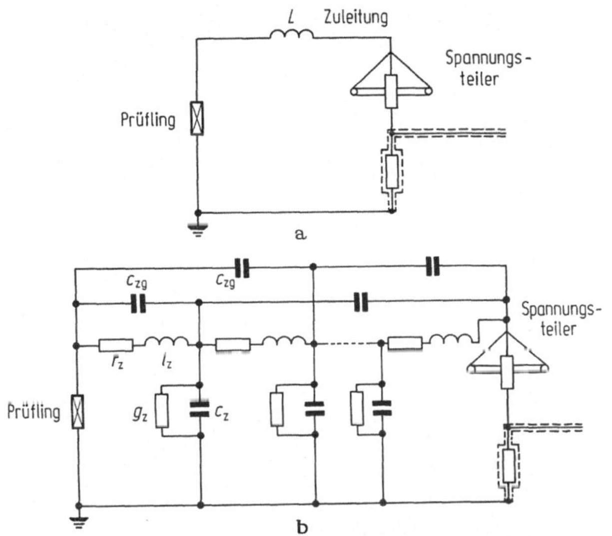

Abb. 1.21. Das Ersatzschema der Zuleitung. a) Die Zuleitung als konzentrierte Induktivität L, b) Die Zuleitung als Wellenleiter mit l_z und c_z den Induktivitäten und Kapazitäten pro Längeneinheit, c_{gz} den Gegenkapazitäten, g_z und r_z der (vernachlässigbaren) Ableitung und Reihenwiderstand.

Ein genaueres Ersatzschema der Zuleitung wird erhalten, wenn sie gemäß Abb. 1.21 b als verlustlose Leitung mit gleichmäßig verteilter Induktivität l_z und Kapazität c_z betrachtet wird, wobei noch die Gegenkapazitäten c_{zg} zu den benachbarten Objekten (hauptsächlich Spannungsteiler und Prüfling) zu berücksichtigen sind. Eingehende Untersuchungen über den Einfluß der Zuleitung auf die Stoßspannungsmessung [29] haben ergeben, daß die vereinfachte Annahme als konzentrierte Induktivität bei Vollstößen und bei Steilstößen mit einer Frontdauer von $T_c \geq 0,5\,\mu s$ gerechtfertigt ist (s. Abb. 1.1 c).

1.6.3. Der Spannungsteiler

Abb. 1.22 a und 1.22 b entsprechend kann ein Spannungsteiler als Kettenleiter aus N gleichen Längsimpedanzen z_l und Querimpedanzen z_q dargestellt werden. Die Querimpedanz z_q ist durch die elementare Erdkapazität c_{eT} gegeben, da eine Ableitung praktisch nicht vorhanden ist. Die Längsimpedanz z_l setzt sich allgemein aus einem elementaren Widerstand r_T, Induktivität l_T und Kapazität c_T zusammen, wozu noch die Eigenkapazität des Elementes c_{0T} parallelgeschaltet ist.

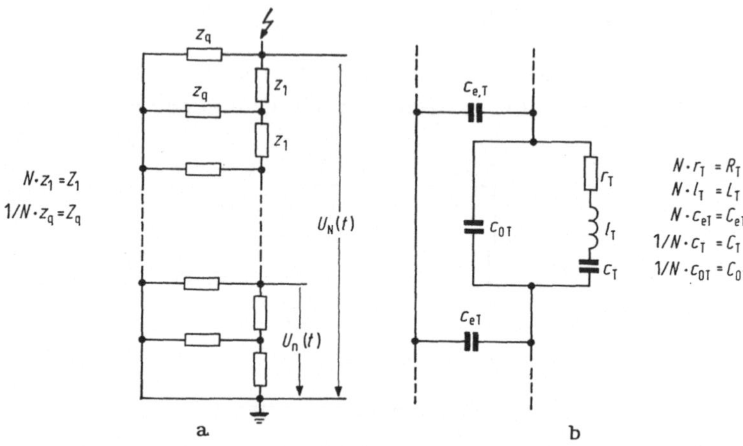

Abb. 1.22 a und b. Darstellung des Spannungsteilers als Kettenleiter. z_1, z_q Längs- und Querimpedanz pro Längeneinheit, r_T, l_T, c_{eT}, C_{eT}, c_T, C_T, C_{0T} Längswiderstand, Induktivität, Erdkapazität, Längskapazität und Eigenkapazität des Teilers pro Längeneinheit, N Gesamtzahl der Elemente, n Anzahl der Kettenleiterelemente am Niederspannungsabgriff, $u_N(t)$, $u_n(t)$ angelegte und abgegriffene Spannung.

Wird am Hochspannungseingang A eine Schrittfunktion $U_0\,\varepsilon(t)$ angelegt, so kann die Spannung am Abgriff n $u_n(t)$, die zugleich die Übergangsfunktion $\gamma(t)$ des Teilers darstellt, durch Anwendung der Laplace-Transformation gefunden werden:

$$U_n(p) = \mathscr{L}[u_n(t)] = \frac{1}{p}\;\frac{\sinh\dfrac{n}{N}\sqrt{\dfrac{\left(R_T + p\,L_T + \dfrac{1}{C_{eT}\,p}\right)C_{eT}\,p}{1 + \left(R_T + p\,L_T + \dfrac{1}{C_T\,p}\right)C_{0T}\,p}}}{\sinh\sqrt{\dfrac{\left(R_T + p\,L_T + \dfrac{1}{C_T\,p}\right)C_{eT}\,p}{1 + \left(R_T + p\,L_T + \dfrac{1}{C_T\,p}\right)C_{eT}\,p}}} \tag{29}$$

Aus Gl. (29) kann die Stoßantwort eines derartigen Spannungsteilers allgemein zu

$$\gamma(t) = \frac{u_n(t)\cdot N}{n} = 1 - \frac{C_{eT}}{6\,(C_{0T} + C_T)} +$$

$$+ 2\,e^{-at}\,\Sigma\,(-1)^k\,\frac{\cosh b\,t + \dfrac{a}{b}\sinh b\,t}{\left(1 + \dfrac{C_{0T}}{C_T} + \dfrac{C_{eT}}{C_T\,k^2\,\pi^2}\right)\left(1 + \dfrac{C_{0T}\,k^2\,\pi^2}{C_{eT}}\right)} \tag{30}$$

gefunden werden mit

$$a = \frac{R_\mathrm{T}}{2\,L_\mathrm{T}}\;;\qquad b = \sqrt{a^2 - \frac{1 + \dfrac{C_{0\,\mathrm{T}}}{C_\mathrm{T}} + \dfrac{C_{e\,\mathrm{T}}}{C_\mathrm{T}\,k^2\,\pi^2}}{\dfrac{L_\mathrm{T}\,C_{e\,\mathrm{T}}}{k^2\,\pi^2}\left(1 + \dfrac{C_{0\,\mathrm{T}}\,k^2\,\pi^2}{C_{e\,\mathrm{T}}}\right)}}\qquad(31)$$

Soll der Spannungsteiler schwingungsfrei sein, so muß b reell bleiben. Diese Bedingung führt zu

$$R_\mathrm{T} > 2\,k\,\pi\,\sqrt{\frac{L_\mathrm{T}}{C_{e\,\mathrm{T}}}}\,\sqrt{\frac{1 + \dfrac{C_{0\,\mathrm{T}}}{C_\mathrm{T}} + \dfrac{C_{e\,\mathrm{T}}}{k^2\,\pi^2\,C_\mathrm{T}}}{1 + \dfrac{C_{0\,\mathrm{T}}\,k^2\,\pi^2}{C_{e\,\mathrm{T}}}}}\qquad(32)$$

Stoßspannungen werden heute über vier verschiedene Spannungsteiler gemessen, den ohmschen, kapazitiven (gedämpften und ungedämpften), gemischten und den gesteuerten Teiler.

Der ohmsche Teiler besteht aus einem oder mehreren in Reihe geschalteten induktionsarmen Hochspannungswiderständen R_T und dem Niederspannungsabgriff am Widerstand R_n sowie der Erdkapazität $C_{e\,0}$ der Widerstandssäule.

Der kapazitive Teiler besteht aus der Hochspannungskapazität C_T — der resultierenden Kapazität einer Reihenschaltung induktionsarmer Kondensatoren oder anderer Kapazitäten — ferner aus der Niederspannungskapazität C_n und der Erdkapazität des Teilers $C_{e\,\mathrm{c}}$.

Der gemischte Teiler wird durch Parallelschaltung eines ohmschen und eines kapazitiven Teilers erhalten, wobei die Zeitkonstanten des Hochspannungsteiles und des Niederspannungsabgriffes möglichst abgeglichen sein sollen:

$$\tau_1 = C_{01}\,R_1 = \tau_2 = C_{02}\,R_2\,.\qquad(3)$$

Bei den gemischten Teilern wird die Kapazität C_{01} derart gewählt, daß die Erdkapazität vernachlässigt werden kann. Die Stoßspannung wird über den ohmschen Teil gemessen.

Bei dem zuerst von Goosens und Provost [30] entwickelten gesteuerten ohmschen Teiler wird die Bewicklung des Hochspannungswiderstandes der kapazitiven Potentialverteilung zwischen zumeist ringartigen Elektrodenanordnungen möglichst genau angepaßt. Als Beispiel ist in Abb. 1.24 die gemessene Potentialverteilung zwischen hochspannungsseitiger Rundplatte und zwei konzentrischen Ringen und erdseitigem stumpfem Kegel mit Ringelektrode gegeben. Abb. 1.24 b zeigt die daraus sich ergebende Bewicklung der Widerstandssäule in Abhängigkeit der Teilerhöhe. Derart gebaute Spannungsteiler weisen

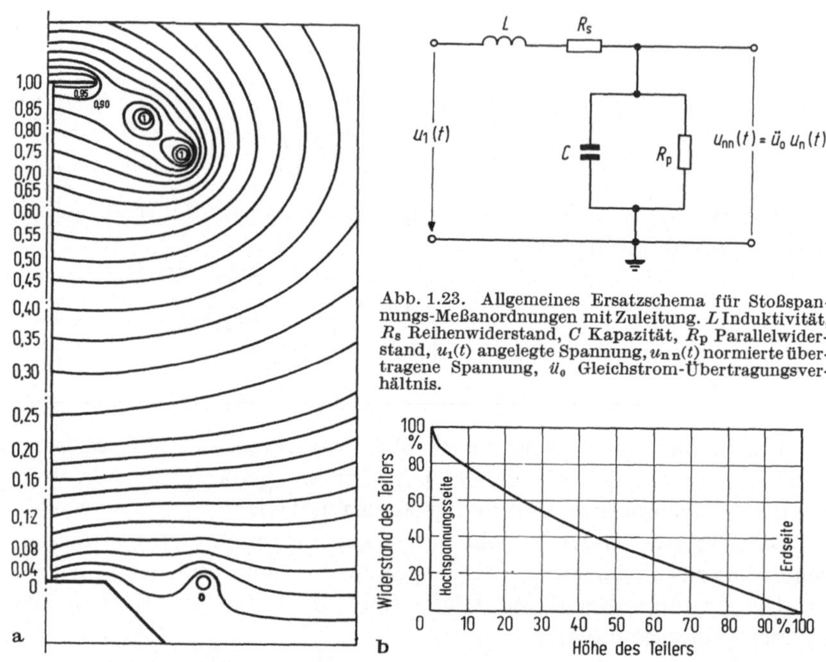

Abb. 1.23. Allgemeines Ersatzschema für Stoßspannungs-Meßanordnungen mit Zuleitung. L Induktivität, R_s Reihenwiderstand, C Kapazität, R_p Parallelwiderstand, $u_1(t)$ angelegte Spannung, $u_{nn}(t)$ normierte übertragene Spannung, $\ddot{u}_0$ Gleichstrom-Übertragungsverhältnis.

Abb. 1.24. a) Potential zwischen den Steuerelektroden eines gesteuerten ohmschen Teilers und b) daraus sich ergebende Bewicklung der Widerstandssäule in Abhängigkeit der Höhe.

eine geringe Erdkapazität C_{gs} auf, die sich, wie später gezeigt wird, vorteilhaft auf die Messung von kurzzeitigen Stoßspannungen auswirkt.

Das in Abb. 1.22b gegebene Ersatzschema kann nun für die einzelnen Spannungsteiler vereinfacht werden: Für den ohmschen und gesteuerten ohmschen Teiler ist $c_T \approx \infty$; $1/(C_T\,p) \approx 0$. Der Einfluß der Teilerinduktivität ist von Howard [21] eingehend untersucht worden und kann selbst bei der Messung von nach 0,5 μs abgeschnittenen Steilstößen vernachlässigt werden, sobald die Zeitkonstante $L_T/R_T < 15$ ns. Dieser Wert kann bei induktionsarm gewickelten Widerständen erreicht werden [31]. Die Eigenkapazität ohmscher Spannungsteiler liegt in der Größenordnung von 2 bis 3 pF und kann somit gegenüber der Erdkapazität des Teilers vernachlässigt werden. Bei kapazitiven und gemischten Teilern darf die Induktivität der (sehr induktionsarmen) Kondensatoren in erster Annäherung gleichfalls vernachlässigt werden. Unter diesen Annahmen und Berücksichtigung der Zuleitung nach 1.6.2. ergeben sich für die vier Spannungsteiler die in Abb. 1.25a bis d gezeigten Ersatzschemata. Führt man noch die bei Gleichspannung

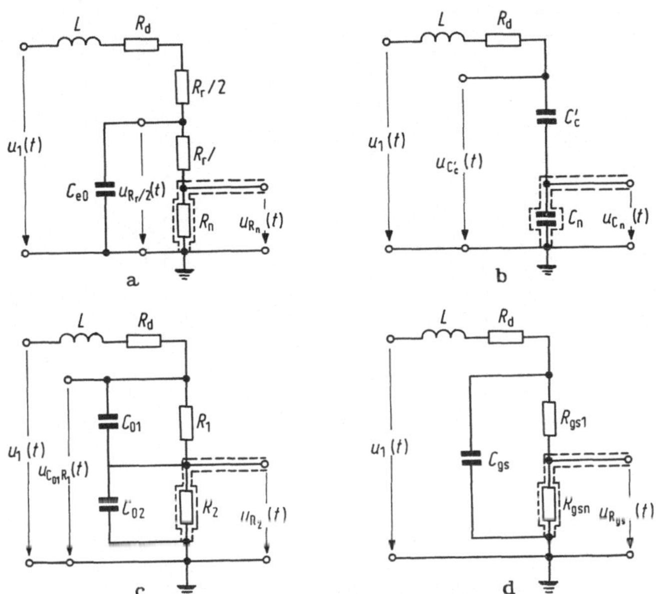

Abb. 1.25. Ersatzschemata des ohmschen, a) kapazitiven, b) gemischten und c) gesteuerten ohmschen Teilers, d) mit Dämpfungswiderstand und Zuleitung (s. Tabelle 1.1. auf Seite 30 u. 31).

ermittelte Nennübersetzung $\ddot{u}_0$ ein und normiert den übertragenen Stoß zu

$$u_{nn}(t) = \ddot{u}_0 \cdot u_n(t) \,, \tag{33}$$

so können sämtliche Stoßspannungs-Meßanordnungen mit verschiedenen Spannungsteilern, Zuleitungen und etwa vorhandenem Dämpfungswiderstand auf das Ersatzschema nach Abb. 1.23 zurückgeführt und einheitlich behandelt werden.

Die Parameter des allgemeinen Ersatzschemas sind mit L, R_s, C und R_p bezeichnet; Tabelle 1.1 gibt die bei den einzelnen Spannungsteilern einzusetzenden Werte für L, R_s, C, R_p und $\ddot{u}_0$ an.

Im Abschnitt 1.7. wird dann gezeigt, wie vom allgemeinen Ersatzschema ausgehend die Übertragungsfehler für verschiedene Stoßformen abgeleitet werden können.

Im Spannungsteilerbau gelten folgende Leitsätze: Verwendung von hochwertigen Kondensatoren bzw. Widerstandsmaterialien, induktionsarme Ausführung, gedrängter, zylindrischer Aufbau der Teilersäule, damit die Erdkapazität, die für einen vertikal angeordneten Zylinder

Tabelle 1.1. In das allgemeine Ersatzschema nach Abb. 1.23 einzusetzende Werte für Meßanor(

Nr.	Meß-anordnung	$\ddot{u}_0$	L	R_s entspricht	R_p	C	$D > 0$ k
1	mit ohmschem Teiler und Dämpfungs-widerstand R_d	$\dfrac{R_r + R_d}{R_n}$	L	$\dfrac{R_r}{2} + R_d$	$\dfrac{R_r}{2}$	C_{e_0}	$\dfrac{1}{2}\left[\dfrac{R_s}{L} + \dfrac{1}{R_p C}\right] + {}$ $+ \sqrt{\dfrac{1}{4}\left[\dfrac{R_s}{L} + \dfrac{1}{R_p C}\right]^2 - \dfrac{R_s + R_p}{R_p}}\,.$
2	mit kapazitivem Teiler und R_d	$\dfrac{C_n}{C'}$	L	R_d	∞	$C' = C_c - \dfrac{1}{6}C_e$	$\dfrac{1}{2}\cdot\dfrac{R_s}{L} + \sqrt{\dfrac{1}{4}\cdot\left(\dfrac{R_s}{L}\right)^2 - \dfrac{1}{LC}}$
3	mit richtig kompensiertem gemischtem Teiler und R_d	$\dfrac{R_1 + R_d}{R_2}$	L	R_d	R_1	C_{0_1}	$\dfrac{1}{2}\left[\dfrac{R_s}{L} + \dfrac{1}{R_p C}\right] + {}$ $+ \sqrt{\dfrac{1}{4}\left[\dfrac{R_s}{L} + \dfrac{1}{R_p C}\right]^2 - \dfrac{R_s + R_p}{R_p}}\,.$
4	mit gesteuertem ohmschem Teiler und R_d	$\dfrac{R_{lgs} + R_d}{R_{n_{gs}}}$	L	R_d	R_{lgs}	C_{gs}	$\dfrac{1}{2}\left[\dfrac{R_s}{L} + \dfrac{1}{R_p C}\right] + {}$ $+ \sqrt{\dfrac{1}{4}\left[\dfrac{1}{R_p C} + \dfrac{R_s}{L}\right]^2 - \dfrac{R_s + R_p}{R_p}}\,.$

der Höhe H [cm] und Durchmesser D [cm] zu

$$C_1 = \frac{1,11 \cdot H}{2\ln\dfrac{2H}{D} - 1,1}\,\text{pF} \tag{34}$$

ermittelt werden kann, möglichst gering bleibt.

Abb. 1.27 zeigt eine Reihe gesteuerter ohmscher Teiler für Stoß-spannungen bis 0,2; 0,9 und 2,3 MV, die vom Verfasser für das Hoch-spannungsversuchslokal der Firma Brown, Boveri & Cie, Baden ent-wickelt wurden, während auf Abb. 1.4 (links) ein kapazitiver Span-nungsteiler für 4 MV nach Haefely-Berger abgebildet ist.

gen mit verschiedenen Spannungsteilern

$D > 0$	$D < 0$		
l	$\dfrac{\alpha_0}{2}$	ω_0	ω
$\dfrac{1}{2}\left[\dfrac{R_\mathrm{s}}{L} + \dfrac{1}{R_\mathrm{p}C}\right] - \sqrt{\dfrac{1}{4}\left[\dfrac{R_\mathrm{s}}{L} + \dfrac{1}{R_\mathrm{p}C}\right]^2 - \dfrac{R_\mathrm{s}+R_\mathrm{p}}{R_\mathrm{p}}\cdot\dfrac{1}{LC}}$	$\dfrac{1}{2}\left[\dfrac{R_\mathrm{s}}{L}+\dfrac{1}{R_\mathrm{p}C}\right]$	$\sqrt{\dfrac{R_\mathrm{s}+R_\mathrm{p}}{R_\mathrm{p}}\cdot\dfrac{1}{LC}}$	$\sqrt{\omega_0^2 - \dfrac{\alpha_0^2}{4}}$
$\dfrac{1}{2}\cdot\dfrac{R_\mathrm{s}}{L} - \sqrt{\dfrac{1}{4}\left(\dfrac{R_\mathrm{s}}{L}\right)^2 - \dfrac{1}{LC}}$	$\dfrac{1}{2}\cdot\dfrac{R_\mathrm{s}}{L}$	$\sqrt{\dfrac{1}{LC}}$	$\sqrt{\omega_0^2 - \dfrac{\alpha_0^2}{4}}$
$\dfrac{1}{2}\left[\dfrac{R_\mathrm{s}}{L} + \dfrac{1}{R_\mathrm{p}C}\right] - \sqrt{\dfrac{1}{4}\left[\dfrac{R_\mathrm{s}}{L} + \dfrac{1}{R_\mathrm{p}C}\right]^2 - \dfrac{R_\mathrm{s}+R_\mathrm{p}}{R_\mathrm{p}}\cdot\dfrac{1}{LC}}$	$\dfrac{1}{2}\left[\dfrac{R_\mathrm{s}}{L}+\dfrac{1}{R_\mathrm{p}C}\right]$	$\sqrt{\dfrac{R_\mathrm{s}+R_\mathrm{p}}{R_\mathrm{p}}\cdot\dfrac{1}{LC}}$	$\sqrt{\omega_0^2 - \dfrac{\alpha_0^2}{4}}$
$\dfrac{1}{2}\left[\dfrac{R_\mathrm{s}}{L} + \dfrac{1}{R_\mathrm{p}C}\right] - \sqrt{\dfrac{1}{4}\left[\dfrac{1}{R_\mathrm{p}C} + \dfrac{R_\mathrm{s}}{L}\right]^2 - \dfrac{R_\mathrm{s}+R_\mathrm{p}}{R_\mathrm{p}}\cdot\dfrac{1}{LC}}$	$\dfrac{1}{2}\left[\dfrac{R_\mathrm{s}}{L}+\dfrac{1}{R_\mathrm{p}C}\right]$	$\sqrt{\dfrac{R_\mathrm{s}+R_\mathrm{p}}{R_\mathrm{p}}\cdot\dfrac{1}{LC}}$	$\sqrt{\omega_0^2 - \dfrac{\alpha_0^2}{4}}$

Eine interessante Weiterentwicklung stellt der von Zaengl [32] vorgeschlagene gedämpfte kapazitive Spannungsteiler dar. Da beim kapazitiven Teiler $C_{0\mathrm{T}} \ll C_\mathrm{T}$ und $C_{\mathrm{e}\mathrm{T}} \ll k^2\,\pi^2\,C_\mathrm{T}$ ist, vereinfacht sich die durch Gl. (32) gegebene Bedingung für schwingungsfreie Übertragung zu

$$R > 2\,k\,\pi\,\sqrt{\frac{L_\mathrm{T}}{C_{\mathrm{e}\mathrm{T}}}} \cdot \frac{1}{\sqrt{1 + \dfrac{C_{0\mathrm{T}}\,k^2\,\pi^2}{C_{\mathrm{e}\mathrm{T}}}}} \tag{35}$$

die praktisch auf

$$R \approx 4\,\sqrt{\frac{L_\mathrm{T}}{C_{\mathrm{e}\mathrm{T}}}} \tag{36}$$

führt.

Zaengl führt folglich einen Längs-Dämpfungswiderstand R_T ein und macht dadurch den kapazitiven Teiler in sich schwingungsfrei. Abb. 1.26a zeigt den Einfluß von R_T auf einen kapazitiven Teiler mit $C_T = 150\ \text{pF}$, $L = 10\ \mu\text{H}$, $C_{eT} = 40\ \text{pF}$, Abb. 1.26b das vereinfachte

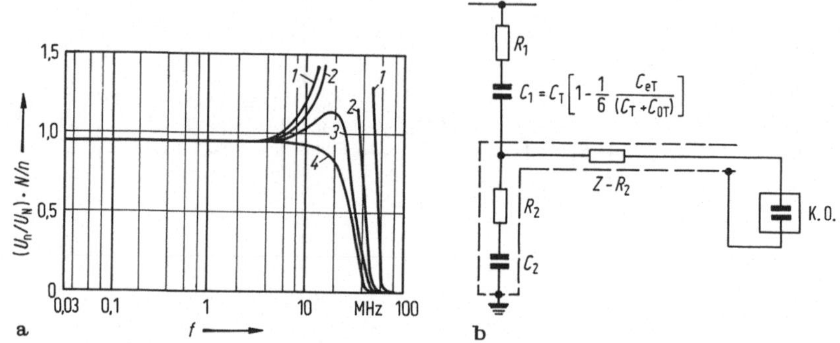

Abb. 1.26. Der gedämpfte kapazitive Teiler nach Zaengl. a) Einfluß des dämpfenden Längswiderstandes von *1* $R_T = 500\ \Omega$, *2* $R_T = 100\ \Omega$, *3* $R_T = 1500\ \Omega$ und *4* $R_T = 2000\ \Omega$ bei einem kapazitiven Teiler mit $C_T = 150\ \text{pF}$, $L_T = 10\ \mu\text{H}$, $C_{eT} = 40\ \text{pF}$, b) Vereinfachtes Ersatzschema des gedämpften kapazitiven Teilers. R, R_2 Längs- oder Dämpfungswiderstände im Hoch- oder Niederspannungskreis, C_1, C_2 Kapazitäten, Z Kabelabschlußwiderstand.

Schaltbild des gedämpften Teilers. Der grundsätzliche Unterschied zum ohmschen Teiler besteht in der Größe des Widerstandes R_T, die beim gedämpften kapazitiven Teiler nur so groß gewählt ist, um die Übertragung ausreichend zu dämpfen. Die Längskapazität C_T kann lediglich als Hilfselement angesehen werden, welches das Impedanzverhältnis und die Energieaufnahme im Vergleich zum rein ohmschen Teiler vorteilhaft beeinflußt.

Die Eingangsimpedanz des Teilers kann bei Vernachlässigung der Erdkapazität C_{eT} und der Induktivität L_T zu $R_T + 1/\text{j}\ \omega\ C_T$ angenommen werden, so daß bei hohen Frequenzen der Widerstand wirksam bleibt, bei tiefen Frequenzen der kapazitive Teil hochohmig wirkt. Die Rückwirkungen auf die Übertragung der Stoßspannungen bleiben sowohl bei raschen (Keilwellen) und langsameren (Normstößen) gering.

1.6.4. Das Meßkabel

Bei den meisten Stoßspannungs-Meßanordnungen wird die übertragene Spannung $u_n(t)$ nicht unmittelbar am Niederspannungsabgriff des Teilers gemessen, sondern über ein koaxiales Meßkabel, dessen Länge von den gegebenen räumlichen Bedingungen abhängig ist, dem Oszillographen zugeführt. In diesem Niederspannungskreis werden zusätzliche Meßfehler hervorgerufen, die zum größeren Teil auf das Meßkabel und in geringerem Ausmaße auf den Oszillographen selbst zurückzuführen sind.

Abb. 1.27. Gesteuerte ohmsche Spannungsteiler für 2,3 MV, 0,9 MV und 0,2 MV Stoßspannungs-Scheitelwert.

Der Einfluß des Meßkabels auf die Übertragung von Stoßspannungen ist von verschiedenen Autoren eingehend untersucht worden. Die wesentlichen Ergebnisse, insbesondere über das Verhalten des Kabels bei rasch veränderlichen Stoßspannungen, sollen hier kurz wiedergegeben werden.

Bekanntlich wird das Meßkabel mit einem ohmschen Widerstand abgeschlossen, der dem Wellenwiderstand Z_k des idealen Kabels

$$Z_k = \sqrt{\frac{L_k}{C_k}} \tag{37}$$

entspricht.

Beim kapazitiven Teiler wird das Kabel am Anfang (vom Teiler aus betrachtet), beim ohmschen, gesteuerten ohmschen und gemischten Teiler am Ende abgeschlossen (Abb. 1.28).

Burch [33] hat gezeigt, wie beim kapazitiven Teiler der durch das abweichende Verhalten des Meßkabels bei höheren und tiefen Frequenzen (Stoßanstieg und -abfall) bedingte Unterschied der Übertra-

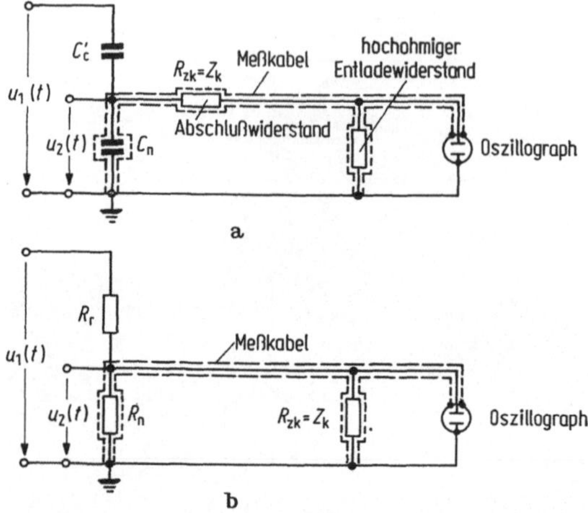

Abb. 1.28. Abschluß des Meßkabels bei: a) kapazitivem und gedämpftem kapazitivem Teiler, b) ohmschem, gemischtem und gesteuertem ohmschem Teiler.

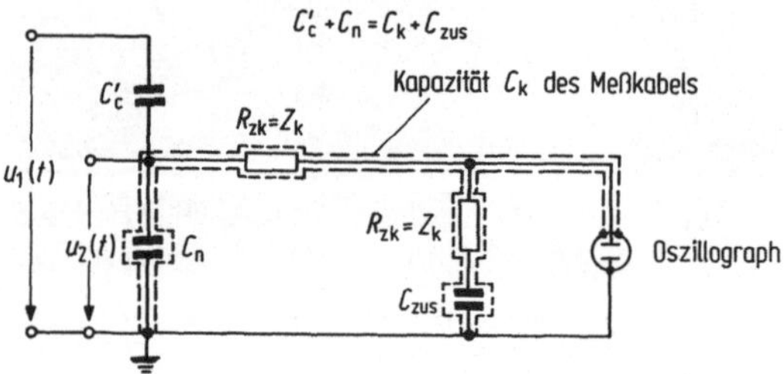

Abb. 1.29. Abschluß des Meßkabels bei kapazitivem Teiler nach Burch. C_{zus} Zusatzkapazität.

gung verringert werden kann. Nach Abb. 1.29 konvergieren Anfangs- und Endübertragung für

$$C_c' + C_n = C_k + C_{zus} \tag{38}$$

dem gleichen Werte zu.

Tropper [34] hat den Einfluß der Eingangskapazität C_{osc} des Oszillographen auf den Kabelabschluß untersucht. Beim kapazitiven Teiler ist kein nachteiliger Einfluß zu erwarten. Bei den „ohmschen" Teilern können durch die dann zu einer Parallelschaltung C_{osc}-Z_k gewordenen Abschlußimpedanz Reflexionen entstehen, die am zweckmäßigsten durch einen zusätzlichen Abschluß am Kabelanfang (Doppelabschluß) behoben werden können. (Abb. 1.30). Der Zusatzwiderstand R_{zus} ist so zu wählen, daß z. B. beim ohmschen Teiler

$$R_{zk} = \frac{R_r R_n - R_r R_{zus} + R_n R_{zus}}{R_r + R_n} \approx R_n + R_{zus} \tag{39}$$

wird. Der Einfluß einer Wellenwiderstandsänderung des Kabels bei tieferen (Vollstoß) und höheren Frequenzen (Steilstoß) ist von Park [35] untersucht worden. Park hat das Kabel mit einem zweiten, über 100 m langen gleichartigen Kabel, das selbst am Ende mit $R_{zk} = Z_k$ versehen war, für sämtliche Frequenzen fehlerfrei abgeschlossen. Vergleichsmessungen haben gezeigt, daß der einfache $(R_{zk} = Z_k)$-Abschluß selbst bei 0,2-μs-Steilstößen zulässig ist, indem der Meßfehler unter 1 % bleibt.

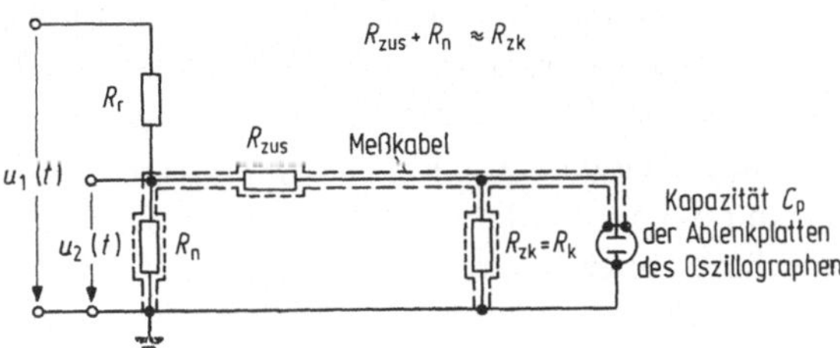

Abb. 1.30. Abschluß des Meßkabels bei ohmschem Teiler nach Tropper. R_{zus} Zusatzwiderstand.

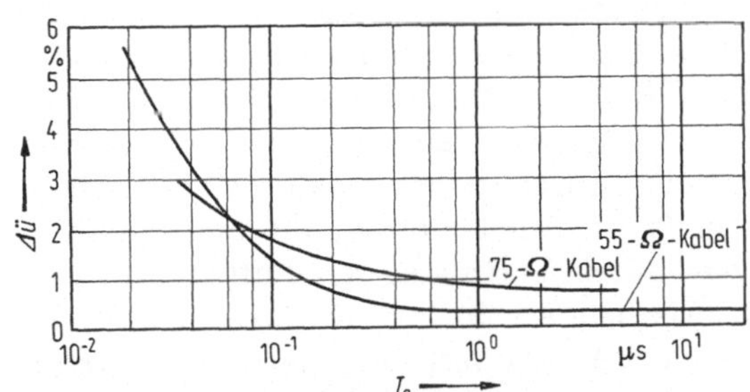

Abb. 1.31. Übertragungsfehler von Meßkabeln in Abhängigkeit der Steilstoß-Anstiegszeit T_a.

Desgleichen darf der durch die Dämpfung im Kabel hervorgerufene Meßfehler selbst bei 0,2-μs-Steilstößen vernachlässigt werden, sobald das Kabel nicht länger als etwa 20 m ist. Abb. 1.31 zeigt den Übertragungsfehler 17 m langer 55-Ω- und 75-Ω-Polythenkabel in Abhängigkeit der Steilstoß-Anstiegszeit T_a. Bei der Messung von kurzzeitigen Spannungen, insbesondere von Steilstößen über längere Kabel ist es ratsam, polythenisolierte Kabel durch luftisolierte zu ersetzen.

1.6.5. Der Oszillograph

In bezug auf Überwachung und Fehlanzeige können Stoßspannungsprüfungen in zwei Gruppen eingeteilt werden: Die erste umfaßt Versuche an Funkenstrecken, Isolatoren und anderen Prüflingen, bei denen im wesentlichen Auskunft über erfolgte Durch- oder Überschläge verlangt wird. Das Ergebnis kann zumeist durch Beobachtung oder durch eine in die Erdleitung des Prüflings geschaltete FS festgestellt werden.

Bei Entwicklungsversuchen, Prüfungen von Transformatorenwicklungen und Ableitern und überall dort, wo eine genaue Kenntnis der bei Stoßprüfungen auftretenden Beanspruchungen erwünscht, für die Beurteilung der Prüfergebnisse oft unerläßlich ist, bedarf es einer genauen Aufzeichnung der Stoßspannungen und -ströme. In den meisten Fällen wird hierfür der Oszillograph verwendet.

Gelegentlich werden auch andere Geräte wie die in 1.9 beschriebenen Stoßvoltmeter und Oeldruckindikatoren verwendet, die bei gewissen Prüfungen den Oszillographen ergänzen, jedoch nicht ersetzen können.

Für Stoßspannungsmessungen werden der ältere Oszillograph mit kalter Kathode und der in den letzten 10 Jahren überwiegende Oszillograph mit abgeschmolzener Röhre verwendet.

Beim Oszillographen mit kalter Kathode werden durch eine Hochspannungs-Glimmentladung aus einer kalten metallischen Kathode von praktisch unbegrenzter Dauer Elektronenstrahlen erzeugt und scharf gebündelt, die dann eine der Meßgröße proportionale Ablenkung erfahren. Der Vorgang kann an einer Leuchtplatte beobachtet oder auf photographischem Papier unter Vakuum aufgezeichnet werden. Der Oszillograph ist aus folgenden Teilen zusammengebaut: Das aus massiven Eisen hergestellte Entladerohr enthält die horizontal angeordneten Kathode und Anode, die Anodendüsen, die Anordnung zur Einstellung des Strahlstromes durch Variierung des Luftdruckes in der Kammer. Die Spannung zwischen Anode und Kathode beträgt $35\cdots50$ kV, der Strahlstrom etwa 1 mA. Die mit dem Entladerohr vakuumdicht verbundene Vorablenkkammer enthält ein Strahlsperrsystem, welches den Strahl vom Leuchtschirm fernhält, sobald keine Aufzeichnung erfolgt, sowie jeweils eine magnetische Sammellinse pro Strahl, deren Strom entsprechend eingestellt werden kann.

Die Ablenkkammer enthält zwei Ablenksysteme pro Strahl, die an das Meßkabel und Spannungsteiler angeschlossenen Vertikalplatten und die horizontalen Platten der Zeitablenkung, die zumeist für sämtliche Strahle gemeinsam ist. Die Aufnahmekammer enthält den unter Vakuum aufklappbaren Leuchtschirm, die Kassetten mit Filmvorschubeinrichtung und die Anschlüsse für die Vorvakuum- und Molekularpumpe. Letztere ist dauernd in Betrieb, während die erste nach erfolgtem Lufteintritt eingeschaltet wird. Das Betriebsvakuum wird. sofern kein feuchter Film zu entgasen ist, in etwa $7\cdots10$ Minuten erreicht.

Das Schema der logarithmischen Zeitablenkung eines derartigen Oszillographen ist auf Abb. 1.32 gezeigt. Die Kapazität wird über den hochohmigen Widerstand R_h auf -3 kV gegen Erde geladen, desgleichen die rechte Elektrode der FS-Anordnung. Die mittlere Elektrode wird über R_m auf $-1,5$ kV Strahlsperrspannung geladen. Gelangt nun der Zündimpuls über die Ankopplungskapazität C_a an die FS, so entlädt sich der Kondensator C über den Entladewiderstand mit der Zeit-

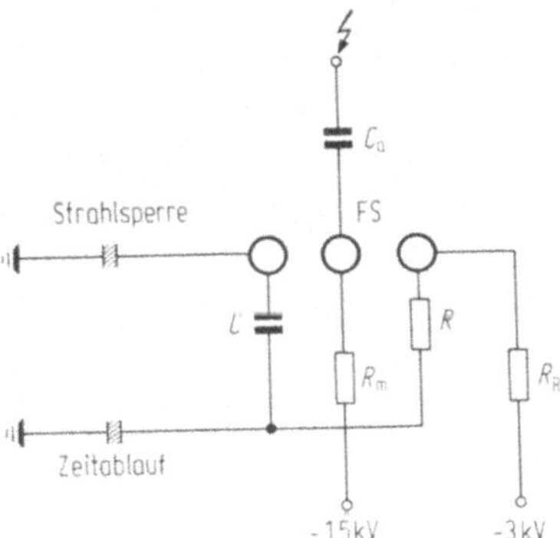

Abb. 1.32. Schema einer einmaligen logarithmischen Zeitablenkung. R_h, R_m Ladewiderstände, R Entladewiderstand C_a, C Kapazitäten.

konstante $\tau = R\,C$ der horizontalen Strahlablenkung. Der Durchschlag an der FS hebt zugleich die Strahlsperrung auf. Durch entsprechende Wahl von R und C können Zeitablaufgeschwindigkeiten von $0,5\,\mu\mathrm{s}$ bis zu mehreren $100\,\mu\mathrm{s}$ erhalten werden. Eine praktisch lineare Zeitablaufgeschwindigkeit τ_0 kann erreicht werden, indem der Strahl während der Wiederaufladung von C mit möglichst konstantem Strom entsperrt wird. Der Zeitablauf ist dann

$$\tau_\mathrm{lin} = \frac{U_\mathrm{max}\,C}{i_0}\,, \tag{40}$$

vorausgesetzt, daß $\tau_\mathrm{sp} = R_\mathrm{sp}\,C_\mathrm{sp} \gg \tau_\mathrm{lin}$.

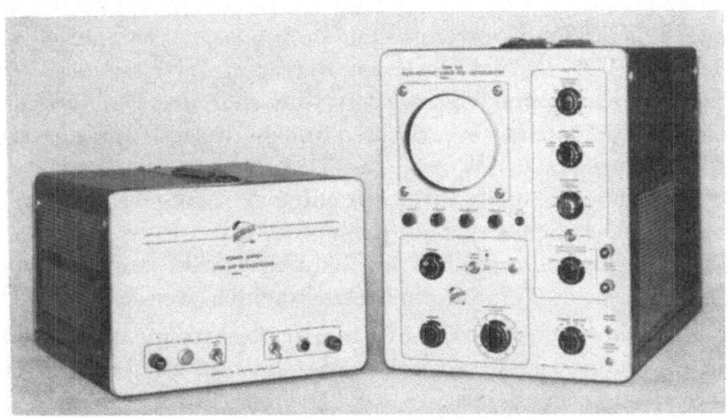

Abb. 1.33. Der Stoßspannungsoszillograph Tektronix 507.

Die horizontalen und vertikalen Ablenksysteme werden mit entsprechenden, einem Frequenzgenerator entnommenen sinusförmigen Wechselspannungen oder mit genauer Gleichspannung geeicht.

Durch die Anforderungen der Impulstechnik und Hochfrequenztechnik haben Oszillographen mit abgeschmolzener Kathode einen bedeutenden Fortschritt erfahren und erfüllen sämtliche Anforderungen der Stoßspannungsmessungen.

Folgende Bedingungen sollen dabei erfüllt sein: Betriebssicherheit gegenüber Überspannungen, Erhöhung der Anodenspannung und feine Strahlaufzeichnung selbst bei sehr raschen, einmaligen ns-Vorgängen, breites Frequenzspektrum, geringe Anstiegszeit der vertikalen Ablenkplatten, sowie hohe Zeitablaufgeschwindigkeiten des horizontalen Ablenksystems.

Das Arbeitsprinzip derartiger Oszillographen sei als bekannt vorausgesetzt und soll hier nicht erörtert werden.

Es sollen nur die wesentlichen Kenngrößen und Eigenschaften der in der Stoßspannungsmeßtechnik verwendeten modernen Oszillographen dieser Art gegeben werden: Man kann zwei Gruppen unterscheiden: Eine mit hohen Elektronenbeschleunigungsspannungen von 20 bis 30 kV, deren vertikales Ablenksystem keine Verstärker enthält, mit Empfindlichkeiten von 10 bis 100 V/cm und linearen Zeitablaufgeschwindigkeiten bis zu 1 ns/cm. Die Anstiegzeit der vertikalen Ablenkplatten beträgt wenige ns; es sind auch Sub-ns-Oszillographen erhältlich.

Die zweite Gruppe umfaßt die für Impulstechnik und Hochfrequenzmessungen entwickelten Oszillographen, mit Anschluß der Vertikalablenkplatten über präzise Verstärker, so daß Empfindlichkeiten von etwa 50 μV/cm bis zu mehreren 100 V/cm erreicht werden können. Die Anstiegzeit beträgt wieder wenige ns und die Zeitablaufgeschwindigkeit einige ns/cm. Durch auswechselbare Einschub-Vorverstärker können mehrere Vorgänge getrennt oder in Summen- bzw. Differenzschaltung selbst bei stark verschiedenen Beträgen der einzelnen Vorgänge registriert werden, eine Eigenschaft, die sich insbesondere bei Vergleichsmessungen mit Referenzstößen und bei Frequenzgangmessungen vorteilhaft erweist [27].

Oszillographen können durch einmalige Vorgänge selbsttätig ausgelöst werden oder umgekehrt kann der Vorgang vom Oszillographen mit einstellbarem Verzug ausgelöst werden, wobei der ganze Vorgang oder nur ein bestimmter Teil auf dem Leuchtschirm dargestellt wird.

Die Stoßvorgänge können auch mit der Netzfrequenz oder einer beliebigen Frequenz synchronisiert werden, so daß am Leuchtschirm ein ruhendes Bild vorgetäuscht wird. Dies ist beispielsweise bei Versuchen mit dem in Kap. 2 beschriebenen Repetitionsstoßgenerator oder bei Versuchen mit kombinierten Wechsel- und Stoßspannungen vorteilhaft (Kap. 4).

Der Ablesefehler ist von der Elektronenstrahlfokussierung abhängig und kann bei günstiger Einstellung auf etwa 1% reduziert werden. Durch Gegenschaltung einer geeichten Gleichspannung kann der Ablesefehler, falls erforderlich, noch weiter reduziert werden.

Abb. 1.33 zeigt den Stoßspannungsoszillographen „Tektronix 507": Der Einfluß der Eingangsimpedanz derartiger Stoßspannungsoszillographen, (die als Parallelschaltung von 40 bis 100 pF mit etwa 1 kΩ angenommen werden kann) auf den Meßfehler ist selbst bei Steilstößen vernachlässigbar [36].

1.7. Theoretische und experimentelle Ermittlung der Übertragungsfehler von Stoßspannungs-Meßanordnungen

In 1.6 wurde gezeigt, daß Stoßspannungs-Meßanordnungen mit verschiedenen Teilern auf ein gemeinsames, in Abb. 1.23 dargestelltes Ersatzschema — einen Vierpol mit den Parametern L, R_s, R_p und C — zurückgeführt werden können.

Die Übertragung und der Meßfehler eines derartigen Vierpols bei beliebigem Eingangsstoß $u_1(t)$ kann nach dem Anhang mit dem Schrittspannungsverfahren, d. h. aus der Stoßantwort $\gamma(t)$ der Meßanordnung bei angelegter Schrittspannung $\varepsilon(t)$, oder aus dem Frequenzgang, dem Amplituden- und Phasengang $A(\omega)$ und $\Phi(\omega)$ der Meßanordnung bestimmt werden.

Nachstehend werden die theoretischen Grundlagen der beiden Eichverfahren und dann ihre praktische Durchführung besprochen.

1.7.1. Theoretische Bestimmung des Übertragungsfehlers bei Normstoß 1,2/50 und bei Steilstoß nach dem Schrittspannungsverfahren

In Abhängigkeit vom Vorzeichen der Diskriminante D der charakteristischen Gleichung der Stoßantwort im Bildbereich ergeben sich für das in Abb. 1.23 dargestellte allgemeine Ersatzschema einer Stoßspannungs-Meßanordnung folgende drei Fälle:

Für eine positive Diskriminante ($D < 0$) ist

$$\gamma(t) = \frac{u_{nn}(t)}{U} = \frac{N}{n} \cdot \frac{u_n(t)}{U} = 1 - \frac{k}{k-l}\mathrm{e}^{-lt} + \frac{l}{k-l}\mathrm{e}^{-kt} \ , \quad (41)$$

wobei für die meisten Fälle wegen $k \gg 1$, $\dfrac{l}{k-l}\mathrm{e}^{-kt} \approx 0$

$$\gamma(t) \approx 1 - \mathrm{e}^{-lt} \tag{42}$$

gesetzt werden darf.

Für eine negative Diskriminante ($D < 0$) ist

$$\gamma(t) = 1 - \frac{\omega_0}{\omega} \, e^{-\frac{\alpha_0}{2} t} \, (\cos \omega t - \varphi) \, , \tag{43}$$

mit

$$\varphi = \arctan \frac{\alpha_0}{2\,\omega} \, . \tag{44}$$

Für $\alpha_0/2 \approx 0$ geht Gl. (43) in

$$\gamma(t) = 1 - \cos \omega_0 t \tag{45}$$

über.

Für den aperiodischen Grenzfall ($D = 0$) ist

$$\gamma(t) = 1 - \left(1 + \frac{\alpha_0}{2} t\right) e^{-\frac{\alpha_0}{2} t} \, . \tag{46}$$

Die bei den einzelnen Stoßspannungs-Meßanordnungen für D, k, l, $\alpha_0/2$, ω und ω_0 einzusetzenden Parameter können gleichfalls Tabelle 1.1 entnommen werden.

Der Normstoß 1,2/50 kann zu

$$u_{s1}(t) = U \cdot V_0 \, (e^{-a_0 t} - e^{-b_0 t}) \tag{47}$$

dargestellt werden, mit $V_0 = 1{,}0267$, $a_0 = 0{,}0142 \cdot 10^6 \, \mathrm{s}^{-1}$, $b_0 = 6.073 \cdot 10^6$ s^{-1}.

Bei positiver Diskriminante ($D > 0$) ergibt sich der normierte übertragene Normstoß zu

$$u_{s2}(t) = U \, V_0 \left(\frac{e^{-a_0 t} - e^{-l t \,\cdot}}{1 - \dfrac{a_0}{l}} - \frac{e^{-b_0 t} - e^{-l t}}{1 - \dfrac{b_0}{l}} \right) \tag{48}$$

und der prozentuale Übertragungsfehler zu

$$\Delta \ddot{u} = 1 - \frac{1}{e^{-a_0 t} - e^{-b_0 t}} \left[\frac{e^{-a_0 t} - e^{-l t}}{1 - \dfrac{a_0}{l}} - \frac{e^{-b_0 t} - e^{-l t}}{1 - \dfrac{b_0}{l}} \right] \cdot \tag{49}$$

Bei unterkritischer Dämpfung ($D < 0$) ist

$$\Delta \ddot{u} = \frac{\dfrac{b_0 - a_0}{\omega} \, (\sin \omega t) \, e^{-\frac{\alpha_0}{2} t}}{e^{-a_0 t} - e^{-b_0 t}} \, . \tag{50}$$

Für eine Meßanordnung ohne Dämpfung geht Gl. (45) wegen $\alpha_0/2 \approx 0$, $\omega_0 \approx \omega$ in

$$\Delta \ddot{u} \approx \frac{\dfrac{b_0 - a_0}{\omega_0} \sin \omega_0 t}{e^{-a_0 t} - e^{-b_0 t}} \qquad (51)$$

über.

Der Übertragungsfehler einer Meßanordnung bei Normstoß äußert sich somit in einer Verringerung des Scheitelwertes, Gl. (49) oder in einer überlagerten Schwingung, Gl. (51).

Der Übertragungsfehler für einen linearen, nach der Zeit T abgeschnittenen Steilstoß $y_1(t) = t/T$ kann wie folgt ermittelt werden. Man zerlegt den Steilstoß gemäß Abb. 1.34 in drei Komponenten; vor dem Abschneiden ist

$$y_{1,1}(t) = U \cdot \frac{t}{T} \qquad \text{für} \quad 0 < t < \infty , \qquad (52)$$

und nach dem Abschneiden

$$y_{1,2}(t) = - U \cdot \varepsilon(t) \ ; \qquad \text{für} \quad T < t < \infty , \qquad (53)$$

$$v_{1,3}(t) = - U \frac{t - T}{t} \ ; \qquad \text{für} \quad T < t < \infty . \qquad (54)$$

Der hier angenommene Spannungszusammenbruch in unendlich kurzer Zeit ist physikalisch nicht möglich. Den praktisch vorkommenden Verhältnissen besser entsprechende Verlauf eines abgeschnittenen Steilstoßes mit endlicher Zusammenbruchsdauer $T_1 - T$ ist in Abb. 1.35 gegeben. Seine Komponenten sind

$$y_{1,11}(t) = U \cdot \frac{t}{T} \ ; \qquad \text{für} \quad 0 < t < \infty \qquad (55)$$

und nach dem Abschneiden

$$y_{1,22}(t) = - U \frac{t - T}{T_1 - T} \qquad \text{für} \quad T < t < \infty \qquad (56)$$

$$y_{1,33}(t) = - U \frac{t - T}{T} \qquad \text{für} \quad T < t < \infty \qquad (57)$$

$$y_{1,44}(t) = - U \frac{t - T_1}{T_1 - T} \qquad \text{für} \quad T_1 < t < \infty \qquad (57\,\mathrm{a})$$

Es sollen nun die Übertragungsfehler für Stoßantworten nach Gl. (41) ($D > 0$) sowie nach Gl. (43) und (45) ($D < 0$) angegeben werden. Dem aperiodischen Grenzfall nach Gl. (46) kommt in der Stoßspannungs-Meßtechnik nur geringe Bedeutung zu; er soll daher nicht näher betrachtet werden.

Es wird nun gezeigt, daß der am meisten interessierende Übertragungsfehler im Abschneidemoment praktisch durch den Anstieg des

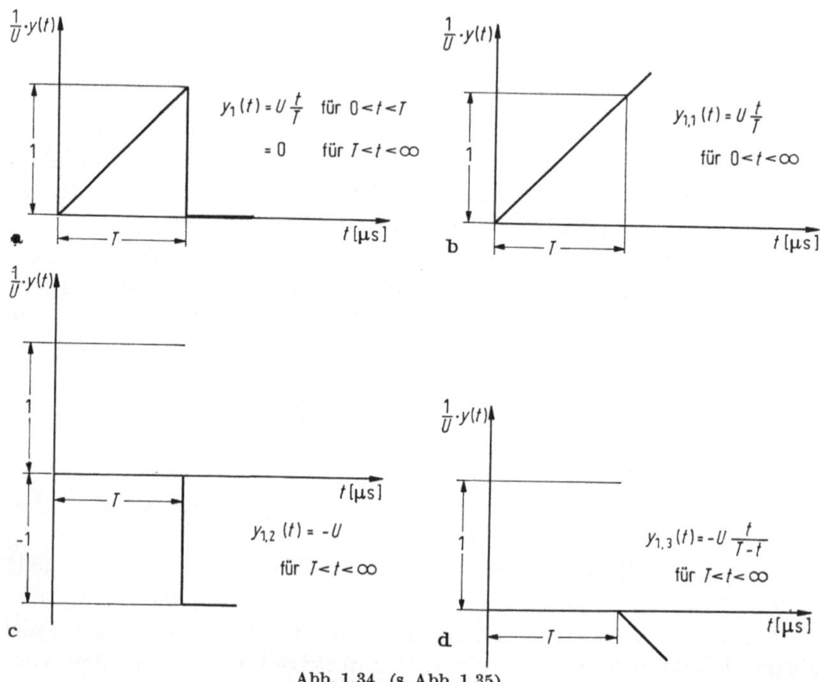

Abb. 1.34. (s. Abb. 1.35).

Steilstoßes von $0 - T$ bestimmt wird. Nur bei unterkritisch gedämpfter Stoßantwort nach Gl. (43) und sehr kurzen Anstiegszeiten ist vom Spannungsverlauf nach dem Abschneiden ein Einfluß auf den Übertragungsfehler zu erwarten.

Für den Fall einer positiven Diskriminante ($D > 0$) erhält man für den übertragenen Steilstoß mit unendlich kurzem Zusammenbruch nach Gl. (52) bis (54):

$$y_{2,1}(t) = U\left[\frac{t}{T} - \frac{\tau}{T}\left(1 - e^{-\frac{t}{T}}\right)\right] \tag{58}$$

und nach dem Abschneiden

$$y_{2,1\ldots3}(t) = U\left[\frac{\tau}{T}e^{-\frac{t}{\tau}} + \left(1 - \frac{\tau}{T}\right)e^{-\frac{t-T}{\tau}}\right]. \tag{59}$$

Der am meisten interessierende Übertragungsfehler im Abschneidemoment $t = T$ ergibt sich aus Gl. (58) zu

$$\Delta\ddot{u}\,(t = T) = \frac{\tau}{T}\left(1 - e^{-\frac{T}{\tau}}\right) \approx \frac{\tau}{T} \tag{60}$$

da bei den betrachteten Stoßspannungs-Meßanordnungen τ um etwa eine Größenanordnung geringer als die Abschneidezeit T ist.

Für den Fall einer negativen Diskriminante ($D < 0$) sind drei Fälle zu unterscheiden: Bei schwacher Dämpfung für $\alpha_0 \ll \omega_0$ ergibt sich der

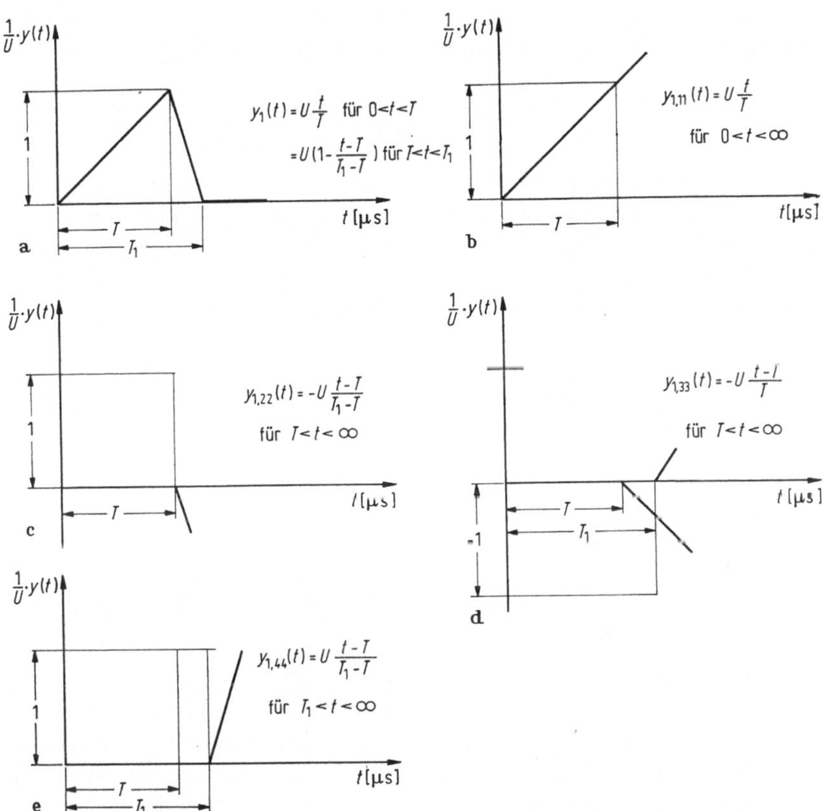

Abb. 1.34 und 1.35. Zerlegung eines linearen Steilstoßes. $y_1(t) = U \cdot (t/T)$ in Komponenten. T Anstiegszeit, $T_1 - T$ Zusammenbruchdauer.

maximale Übertragungsfehler für einen zur Zeit T abgeschnittenen linearen Steilstoß zu

$$\Delta \ddot{u}_{\max} = -\frac{1}{2\,\omega^2\,T^2} \mp e^{-\frac{\alpha_0}{2}t} \cdot \frac{1}{\omega\,T}. \tag{61}$$

Für eine praktisch ungedämpft schwingende Antwort ($\alpha_0 \approx 0$) geht Gl. (61) in

$$\Delta \ddot{u}_{\max} \approx -\frac{1}{2\,\omega_0^2\,T^2} \mp \frac{1}{\omega_0\,T} \tag{62}$$

über. Das erste Glied in Gl. (61) und (62) ist der auf das Nachladen der Teilerkapazität durch die beim Abschneiden in der Zuleitung induzierte Spannung zurückzuführende Übertragungsfehler. Er ist nur bei kurzen Anstiegszeiten von $T < 0{,}5\,\mu$s und schwacher Dämpfung von Bedeutung.

Bei Meßanordnungen mit größerer Dämpfung, wobei die überlagerte Schwingung im Abschneidemoment bereits abgeklungen ist, wird

$$\Delta \ddot{u}_{max} \approx \frac{\alpha_0}{\omega_0^2\, T} \cdot \tag{63}$$

Von den beiden Gl. (60) und (63) ausgehend, kann nun ein einfaches und elegantes experimentelles Verfahren zur Bestimmung des Übertragungsfehlers von Stoßspannungs-Meßanordnungen abgeleitet werden. Bildet man nämlich die durch Schrittspannung $\varepsilon(t)$ und normierte Stoßantwort $\gamma(t)$ nach Gl. (42) und (43) begrenzte Fläche F so ist

$$F = \int\limits_0^\infty \{1 - [1 - \mathrm{e}^{-lt}]\}\, \mathrm{d}t = \frac{1}{l} = \tau \tag{64}$$

$$F = \int\limits_0^\infty \left\{1 - \left[1 - \frac{\omega_0}{\omega}\,\mathrm{e}^{-\frac{\alpha_0}{2}\,t} \cos\,(\omega\, t - \varphi)\right]\right\}\, \mathrm{d}t = \frac{\alpha_0}{\omega_0^2} \cdot \tag{65}$$

In den beiden Fällen ist die im Zeitmaßstab ausgedrückte Fläche F ein Maß für den Übertragungsfehler $\Delta \ddot{u}$ bei linearem Steilstoß, wobei im letzteren Fall noch die Bedingung nach einer zur Zeit T praktisch abgeklungenen Schwingung der Stoßantwort erfüllt sein muß. Eine Stoßspannungs-Meßanordnung wird nun geeicht, indem am Hochspannungseingang ein möglichst steiler Spannungssprung, der praktisch als Schrittspannung $\varepsilon(t)$ angenommen werden kann, angelegt wird und am Niederspannungsabgriff die Stoßantwort $\gamma(t)$ aufgenommen wird. Aus der im Zeitmaßstab ausgedrückten Fläche F kann dann der Übertragungsfehler bei Steilstoß unmittelbar ermittelt werden. Einer gedämpften, schwingenden Stoßantwort nach Gl. (43) können die zur Bestimmung des Übertragungsfehlers erforderlichen Parameter α_0 und ω entnommen werden.

1.7.2. Experimentelle Bestimmung des Übertragungsfehlers von Stoßspannungs-Meßanordnungen nach dem Schrittspannungsverfahren

Wie soeben gezeigt ergibt sich für die experimentelle Bestimmung des Übertragungsfehlers die Notwendigkeit eines sehr raschen Spannungsanstieges oder -zusammenbruches, der in bezug auf die interessierenden Stoßantwort-Zeitkonstanten von 20 bis 100 ns als sehr kurz angenommen werden kann.

Zwei Verfahren stehen hiebei zur Verfügung: Das Niederspannungs- und das Hochspannungs-Schrittfunktionsverfahren.

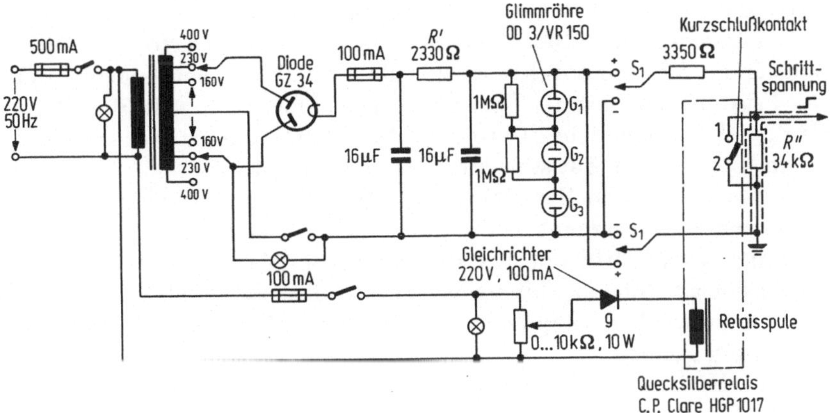

Abb. 1.36. Schema eines Niederspannungs-Schrittgenerators.

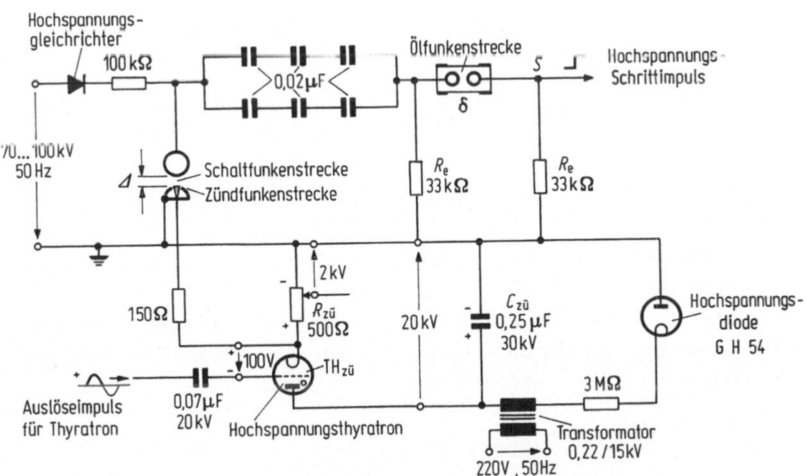

Abb. 1.37. Schema eines Hochspannungs-Schrittgenerators mit Öl-Versteilungs-FS.

Im ersten Fall werden die erforderlichen Quasi-Schrittspannungen durch Anwendung von Quecksilberrelais [22] die vorzugsweise eine Gleichspannung von einigen 100 V kurzschließen, oder von ähnlichen Pulsgeneratoren erhalten. Das Schaltschema eines derartigen Eichgeräts, weiter Schrittspannungsgenerator genannt, ist in Abb. 1.36 gegeben. Die in mehreren Stufen einstellbare Sekundärspannung des Transformators Tr wird gleichgerichtet, geglättet und über einen Schutzwiderstand R' dem einseitig geerdeten hochohmigen Widerstand R'' zugeführt. Durch den Umschalter S_1 können wahlweise positive und negative Gleichspannungen erhalten werden. Unmittelbar am

Widerstand R'' sind die Kurzschlußkontakte 1 und 2 des Quecksilber-relais angeschlossen. Die Relaisspule schließt im Takte der Netz-frequenz die Arbeitskontakte kurz, sodaß der an R'' entstehende und dem Prüfling zugeführte Spannungszusammenbruch mit der Zeit-ablaufgeschwindigkeit des Oszillographen synchronisiert werden kann und am Lichtschirm ein stehendes Bild erhalten wird.

Da mit derartigen Schrittspannungsgeneratoren Spannungen von nur einigen 100 V erzeugt werden können, und Meßanordnungen mit Übertragungsverhältnissen 1:1000 und mehr geeicht werden sollen, ergeben sich am Niederspannungsabgriff des Teilers Signale von einigen 10 mV, die nur über entsprechende hochwertige Verstärker aufgenom-men werden können.

Durch die endliche Anstiegszeit T_{va} des Verstärkers — (wobei mit T_{va} das Intervall des als linear angenommenen Spannungsanstieges zwischen 10% und 90% der Amplitude bezeichnet ist) — wird die am Teiler abgegriffene Spannung am Oszillographen verzerrt.

Diese Verzerrung kann bei hochwertigen Verstärkern mit geringer Anstiegszeit T_{va} und bei großen Zeitkonstanten der Stoßantwort τ vernachlässigt werden; im Gegenfall kann sie durch eine entsprechende Korrektur nach Gl. (66) berücksichtigt werden. Die gesuchte Anstiegs-zeit T_a der Stoßantwort ergibt sich zu

$$T_a = \sqrt{T_a'^2 - T_{va}^2} \tag{66}$$

mit der über den Verstärker aufgenommenen und am Oszillographen angezeigten Anstiegszeit T_a'.

Nach Gl. (64) war die Zeitkonstante durch die Fläche F zwischen Schrittspannung und Stoßantwort gegeben. Der Zusammenhang zwi-schen Anstiegszeit T_a und Zeitkonstante τ ist durch

$$\tau = 1{,}25 \cdot \frac{1}{2} \cdot T_a \tag{67}$$

gegeben.

Um die für Niederspannungseichungen erforderlichen Verstärker zu umgehen sind direkte Hochspannungs-Eichverfahren entwickelt worden. Man war dabei bestrebt, ein einfaches Gerät zu entwickeln, das überall mit geringem Aufwand hergestellt werden kann. Um am Nieder-spannungsabgriff der Meßanordnung Spannungen von einigen 100 V zu erhalten, war es somit erforderlich, Hochspannungs-Schrittspan-nungen von mehreren 100 kV zu erzeugen.

Es war naheliegend, zu versuchen, den beim Durchschlag einer FS in Luft erzeugten Spannungsimpuls als Eichspannung zu verwenden. Nach dem Toeplerschen Gesetz ist jedoch die Zusammenbruchsdauer T_f (genauer: die Zeit innerhalb welcher 92% der Lichtbogenladung abgeflossen ist) einer Funkenentladung in Luft bei normalen atmosphärischen Verhältnissen ($b = 760$ Torr, 20 °C) durch

$$T_\mathrm{f} = \frac{2\,\pi\,k_\mathrm{f} \cdot s}{U_\mathrm{d}} \tag{68}$$

mit $k_\mathrm{f} = 0{,}15 \cdots 0{,}2 \cdot 10^{-3}$ Vs/cm der Toeplerschen Funkenkonstanten s, der Schlagweite und U_d dem Scheitelwert der Durchschlagspannung gegeben.

Für eine FS mit $s = 1$ cm und $U_\mathrm{d} = 30$ kV ergibt sich $T_\mathrm{f} = 31{,}5$ ns.

Da die Stoßantwort-Zeitkonstanten der Meßanordnungen für Steilstoß etwa gleich groß sind, können Funkenentladungen in Luft bei normalen atmosphärischen Bedingungen *nicht* als Schrittspannungs-Eichimpulse gebraucht werden.

Fast gleichzeitig haben Oeszkaya [25] und Creed [37] den Durchschlag einer in Preßgas angeordneten Funkenstrecke als Schrittspannungs-Eichimpuls für Stoßspannungs-Meßanordnungen verwendet. Bereits May [38] hat die Unabhängigkeit der Funkenkonstanten k_f vom Druck p nachgewiesen. Nach dem Gesetz von Paaschen ist andrerseits im interessierenden Druckbereich von 0 bis 20 bar die Durchschlagspannung dem Druck praktisch proportional, so daß für die Zusammenbruchsdauer $T_\mathrm{f,p}$ bei p

$$T_\mathrm{f,\,p} \approx T_\mathrm{f}\,(p = p_0) \cdot \frac{p_0}{p} \tag{69}$$

gesetzt werden kann. Die Anstiegszeit des Eichimpulses ist somit dem Druck umgekehrt proportional.

Oeszkaya und Creed haben Preßgas unter ≈ 15 bar verwendet und folglich einen Wert von $T_\mathrm{f} = 2$ ns angenommen, der praktisch als Schrittspannung angenommen werden kann.

Ein weiteres Verfahren zur Erzeugung von Hochspannungs-Eichimpulsen ist von Ašner [27] entwickelt worden. Die Quasi-Schrittspannungsimpulse werden durch Verwendung einer in Reihe mit der Schalt-FS geschalteten Versteilerungs-Oelfunkenstrecke erzeugt. Diese wird

Abb. 1.38. Abbildung des Hochspannungs-Schrittgenerators nach Abb. 1.37.

durch eine, ihre Durchschlag-Stoßspannung mehrfach übertreffende Spannungswelle der Schalt-FS beansprucht, wobei Hochspannungsimpulse mit Zusammenbruchsdauern von wenigen ns erhalten werden.

Die relativ lange Aufbauzeit der Entladung im Öl verhindert das Ansprechen der Versteilerungs-FS während des Anstiegs der einziehenden Spannungswelle bevor diese ihren Scheitelwert erreicht hat. Das entsprechende Schaltschema ist in Abb. 1.37 gezeigt: Die Gleichspannung wird der Schalt-FS über einen hochohmigen Ladewiderstand von $\approx 100\ \mathrm{k\Omega}$ zugeführt. Die erdseitige Elektrode der Schalt-FS enthält eine Zündelektrode die entsprechend ausgelöst werden kann (Kreis $Th_{\mathrm{zü}} - C_{\mathrm{zü}} - R_{\mathrm{zü}}$). Der etwa 0,01 μF betragende Hochspannungskondensator C wird praktisch auf die Ansprechspannung der Schalt-FS von 100 bis 200 kV geladen, während die Versteilerungs-FS über die beiden hochohmigen Widerstände von $R_1 \approx 30\ \mathrm{k\Omega}$ an Erde gelegt ist Beim Ansprechen der Schalt-FS wird ein Pol des Kondensators an Erde gelegt und eine Spannungswelle entgegengesetzter Polarität, deren Scheitelwert nur um den vernachlässigbaren Spannungsabfall im Lichtbogen der Schalt-FS geringer als die Ladespannung ist, ausgelöst, die dann eine Beanspruchung der Öl-FS mit mehrfach erhöhter Durchschlag-Stoßspannung hervorruft. Im Punkte S wird somit eine Spannung mit sehr kurzer Zusammenbruchsdauer von wenigen ns erhalten, die als Hochspannungs-Eichimpuls gebraucht werden kann.

Abb. 1.38 zeigt eine in einem zylindrischen Glasbehälter angebrachte Versteilerungs-FS mit 5-mm-Elektroden. Bei 100 bis 200 kV wird die Schlagweite der Versteilerungs-FS auf 0,15 bis 0,2 mm eingestellt.

Zur praktischen Durchführung der Eichung von Stoßspannungs-Meßanordnungen mit Niederspannungs- oder Hochspannungs-Schrittimpulsen sei erwähnt, daß es wichtig ist, die Meßanordnung möglichst im gleichen Aufbau zu eichen, in dem sie später mit dem Prüfling verbunden sein soll. Dieser wird bei der Eichung durch den Schrittspannungsgenerator ersetzt, während Zuleitung, Spannungsteiler, Kabellängen, Oszillograph, usw. unverändert bleiben sollen.

Abb. 1.39 zeigt den Versuchsaufbau bei der Eichung einer Meßanordnung mit gesteuertem ohmschen Teiler für 2,3 MV und einer 6,5-m-Zuleitung mit 320 Ω Dämpfungswiderstand. Der Teiler ist auf Blechtafeln aufgestellt, die über den Meßtisch auf dem sich der Schrittspannungsgenerator befindet, gezogen sind und mit der Stoßerde des Versuchslokals in einem Punkte verbunden sind.

Abb. 1.40 zeigt den durch direkten Anschluß an die Vertikalablenkplatten eines Tektronix-Oszillographen aufgenommenen Niederspannungs-Schrittpuls, der vom Quecksilberrelais nach Abb. 1.36 erhalten worden ist. Die Zeitablaufgeschwindigkeit beträgt 20 ns/cm, so daß der Eichimpuls etwa 1 ns Anstiegszeit aufweist. Abb. 1.41 zeigt die bei

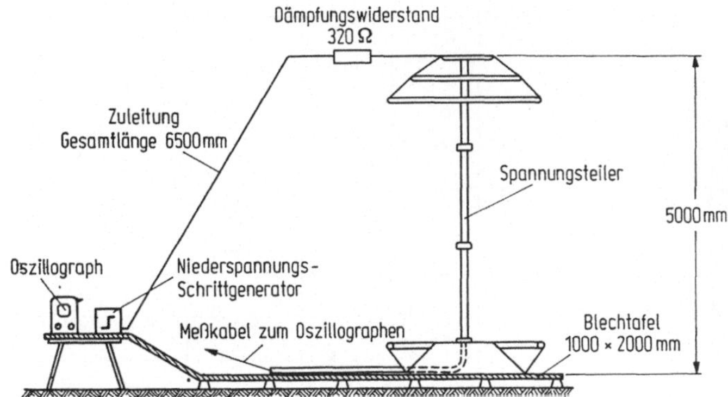

Abb. 1.39. Versuchsaufbau bei Bestimmung der Niederspannungs-Stoßantwort einer 2,3-MV-Meßanordnung mit gesteuertem ohmschem Spannungsteiler.

Abb. 1.40. Überprüfung des Niederspannungs-Schrittgenerators. Zeitablauf (linear) 20 ns/cm.

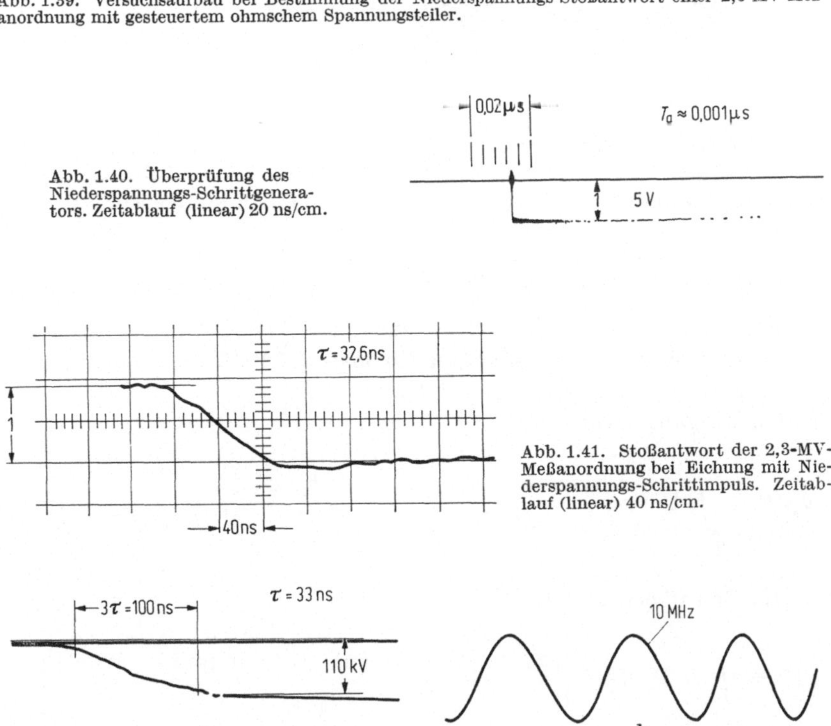

Abb. 1.41. Stoßantwort der 2,3-MV-Meßanordnung bei Eichung mit Niederspannungs-Schrittimpuls. Zeitablauf (linear) 40 ns/cm.

Abb. 1.42. Stoßantwort der gleichen Meßanordnung bei Eichung mit Hochspannungs-Schrittimpuls.

40 ns/cm aufgenommene Stoßantwort $\gamma(t)$ der 2,3-MV-Meßanordnung mit gesteuertem ohmschen Teiler. Dem Oszillogramm entnimmt man eine Zeitkonstante von 32,6 ns. Abb. 1.42 zeigt die Stoßantwort der jetzt mit 110-kV-Hochspannungs-Schrittimpulsen geeichten gleichen Meßanordnung, mit einem Kaltkathodenoszillographen bei logarith-

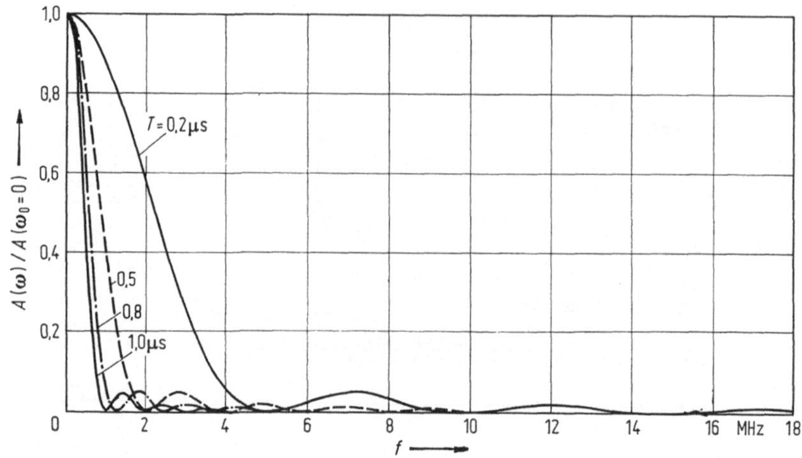

Abb. 1.43. Frequenzspektra linearer Steilstöße. $A(\omega)/A\,(\omega_0 = 0)$ Amplitudenverhältnis.

mischer Zeitablenkung von $\tau = 0,5\ \mu$s aufgenommen. Die Zeitablaufgeschwindigkeit ist mit 10-MHz-Schwingungen nachgeeicht. Der Abb. 1.42 kann eine Zeitkonstante von 33 ns entnommen werden.

1.7.3. Bestimmung des Übertragungsfehlers durch Frequenzgangmessung einer Stoßspannungs-Meßanordnung

Den Ausgangspunkt des Verfahrens bildet das im Anhang A.2 angegebene Fourier-Integral. Auf den Normstoß 1,2/50 und den linearen Steilstoß $U \cdot t/T$ angewandt, erhält man
für den Eingangs-Normstoß

$$u_{s1}(t) = \int\limits_0^\infty U\,V_0 \left(\frac{a_0 \cos \omega t + \omega \sin \omega t}{a_0^2 + \omega^2} - \frac{b_0 \cos \omega t + \omega \sin \omega t}{b_0^2 + \omega^2} \right) d\omega$$

(70)

und für den übertragenen Stoß

$$u_{s2}(t) = \int\limits_0^\infty U\,V_0\,A(\omega) \left\{ \left[\frac{a_0 \cos [\omega t - \Phi(\omega)] + \omega \sin [\omega t - \Phi(\omega)]}{a_0^2 + \omega^2} \right] - \right.$$
$$\left. - \left[\frac{b_0 \cos [\omega t - \Phi(\omega)] + \omega \sin [\omega t - \Phi(\omega)]}{b_0^2 + \omega^2} \right] \right\} d\omega \,.$$

(71)

Für den linearen Steilstoß ist entsprechend

$$y_1(t) = U \int\limits_0^\infty \frac{1 - \cos \omega T}{T\,\pi\,\omega^2}\,d\omega$$

(72)

und für den übertragenen Steilstoß

$$y_2(t) = U \int\limits_0^\infty A(\omega) \, \frac{1 - \cos\left[\omega\, T - \Phi(\omega)\right]}{T\,\pi\,\omega^2} \, d\omega. \tag{73}$$

Gln. (70) bis (73) werden am zweckmäßigsten graphisch gelöst, indem $u_{s1}(t)$ und $u_{s2}(t)$ bzw. $y_1(zt)$ und $y_2(t)$ durch entsprechende Flächen F_1 und F_2 dargestellt werden. Der Übertragungsfehler ist dann

$$\Delta \ddot{u} = \frac{F_1 - F_2}{F_1} = 1 - \frac{F_2}{F_1}\,. \tag{74}$$

Gl. (70) und (72) stellen zugleich das kontinuierliche Frequenzspektrum bei Normstoß und bei linearem Steilstoß dar. Als Beispiel sind in Abb. 1.43 Frequenzspektren für lineare Steilstöße mit $T = 0,2$; $0,5$; $0,8$ und $1,0\ \mu$s dargestellt.

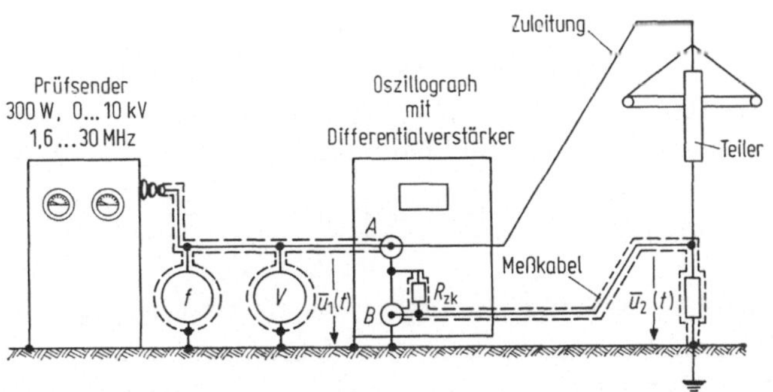

Abb. 1.44. Versuchsaufbau zur Ermittlung des Frequenzganges einer 2,3 MV-Stoßspannungs-Meßanordnung.

Eine weitere Methode zur Bestimmung des Übertragungsfehlers nur aus dem Amplitudengang $A(\omega)$ stammt von Romano [23]. Die Methode gilt genau für Netzwerke mit sog. minimaler Phasenverschiebung und kann annähernd auch auf Stoßspannungs-Meßanordnungen angewandt werden. Nach Romano können die für die Bestimmung des Übertragungsfehlers erforderlichen Zeitkonstanten τ bzw. α_0/ω_0^2 (s. Gln. (64) und (65)) zu

$$F = \frac{1}{\pi^2} \int\limits_0^\infty \frac{\ln A(\omega)}{\omega^2} \, d\omega \tag{75}$$

ermittelt werden, indem F in Abhängigkeit der Zeit $t = 2\,\pi/\omega$ aufgetragen wird. Die mit der Abszisse eingeschlossene Fläche ergibt dann im Zeitmaßstab ausgedrückt die Zeitkonstanten τ bzw. α_0/ω_0^2.

Über weitere Verfahren zur Bestimmung des Übertragungsfehlers von Stoßspannungs-Meßanordnungen, wie z. B. durch Messung von $A(\omega)$ und $\Phi(\omega)$ bei nur einigen harmonischen Frequenzen nach Ašner sei auf die Literatur verwiesen [27].

Zur experimentellen Bestimmung des Amplituden- und Phasenganges einer Meßanordnung: Bei der Amplitudengangbestimmung ergeben sich keine besonderen Schwierigkeiten. Die Phasenmessung durch Aufnahme von Lissajous-Figuren, wobei die Eingangsspannung $U_1 \sin \omega t$ dem horizontalen und die übertragene Spannung $u_2(t) = A(\omega)\, U_1 \sin [\omega t - \Phi(\omega)]$ über einen Verstärker dem Vertikalsystem eines Breitband-Oszillographen zugeführt wird, erweist sich zumeist als zu wenig genau.

Durch Anwendung phasenkompensierter Breitband-Differentialverstärker kann der Phasengang durch vektorielle Differenzmessungen mit guter Genauigkeit bestimmt werden. Der Differentialverstärker ermöglicht nämlich die Messung einer Wechselspannung $u_1(t) = U_1 \sin \omega t$ oder $u_2(t) = A(\omega) \sin [\omega t - \Phi(\omega)]$ sowie der vektoriellen Differenz $\overline{U}_1 - \overline{U}_2$ selbst bei stark verschiedenen Beträgen von $|\overline{U}_1|$ und $|\overline{U}_2|$ wie $1000:1$.

Aus der Messung dieser drei Spannungen kann der Phasenwinkel zu

$$\Phi(\omega) = \arccos \frac{|\overline{U}_1|^2 + |\overline{U}_2|^2 - |\overline{U}_1 - \overline{U}_2|^2}{2\,|\overline{U}_1| \cdot |\overline{U}_2|} \tag{76}$$

ermittelt werden. Die Meßgenauigkeit ist am höchsten bei annähernd gleich großen am Leuchtschirm des Oszillographen erscheinenden Spannungen $\overline{U}_1'$ und $\overline{U}_2'$; Abschwächung, bzw. Verstärkung der beiden Verstärkereingänge sind entsprechend zu wählen, damit diese Bedingung nach Möglichkeit erhalten wird.

Um den gewünschten Phasengang der Meßanordnung selbst zu erhalten, ist es notwendig, vom gemessenen Winkel $\Phi(\omega)$ die durch das Meßkabel hervorgerufene Phasenverschiebung

$$\Phi_k = 360 \cdot 10^6 \sqrt{L_k[\mu H] \cdot C_k[pF]} \qquad [^\circ el/MHz] \tag{77}$$

abzuziehen.

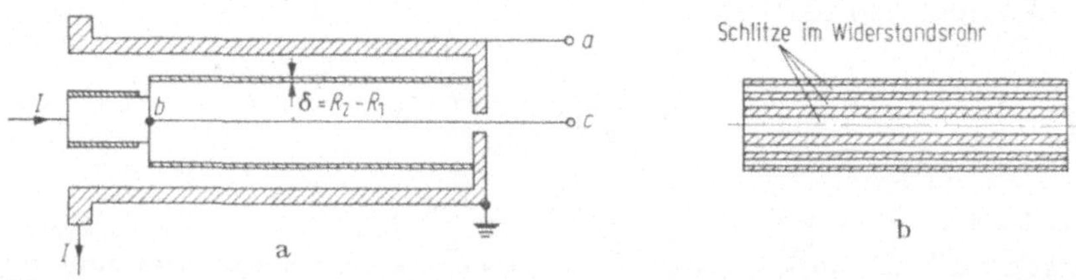

Abb. 1.45. a) Schema eines koaxialen Rohrshunts für Stromstoßmessungen $\delta = R_2 - R_1$ Wanddicke, $a - b - c$ Meßschleife, b) Gleicher Shunt in geschlitzter Ausführung für Zeitkonstantenkompensation.

Abb. 1.44 zeigt den Versuchsaufbau zur Bestimmung des Frequenzganges. Die Eingangsspannung veränderlicher Frequenz zwischen 0 bis 50 MHz mit einer Amplitude von vorzugsweise einigen 100 V wird dem Verstärkereingang A und zugleich dem Hochspannungsende der Zuleitung zugeführt. Die am Niederspannungsabgriff phasenverschobene Spannung wird über das Meßkabel dem Verstärkereingang B zugeführt. Die am Frequenzgenerator eingestellte Frequenz wird mittels eines Präzisionswellenmessers nachgeeicht.

Bei bekannter Empfindlichkeit der beiden Differentialverstärkereingänge (a und b) werden angelegte und abgegriffene Spannung der Meßanordnung zu $\overline{A} = \overline{U}_1/a$ und $\overline{B} = \overline{U}_2/b$ gemessen. Eine Veränderung der Differentialverstärker-Empfindlichkeiten zu a' und b' beeinflußt die Messung der Phasenverschiebung nicht.

Aus dem Amplituden- und Phasengang $A(\omega)$ und $\Phi(\omega)$ kann unter Anwendung des im Anhang dargelegten Verfahrens unter Benützung der abgeleiteten Hilfsfunktionen $\eta(f_2 t)$ und $\xi(f_2 t)$ die Stoßantwort $\gamma(t)$ der Meßanordnung ermittelt werden, wie in [27] angegeben worden ist.

1.8. Stromstoßmessungen

Für Stromstoßmessungen werden überwiegend Meßshunts in besonderer induktionsarmer Ausführung verwendet (Abb. 1.46). Die bei der Konstruktion von Meßshunts zu bewältigenden Probleme sind meßtechnischer (geringe Zeitkonstante), mechanischer und thermischer Art.

Ähnlich wie Stoßspannungs-Meßanordnungen sollen auch Meßshunts eine geringe Zeitkonstante der Stoßantwort aufweisen. Indem jedoch die Anstiegszeiten T von genormten Stromstößen größer sind

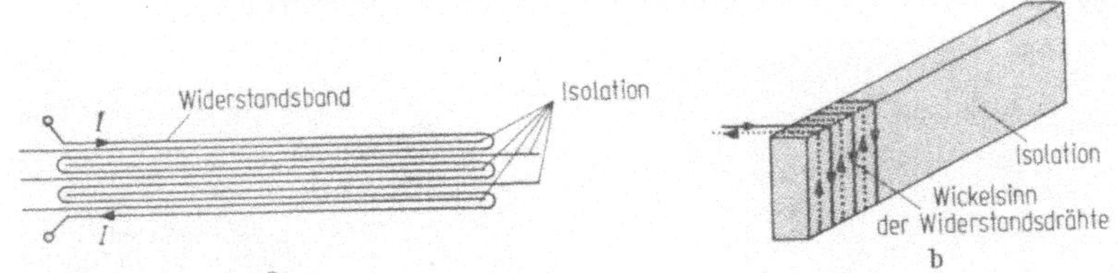

Abb. 1.46. Induktionsarm gewickelte Meßshunts für Stromstoßmessungen.

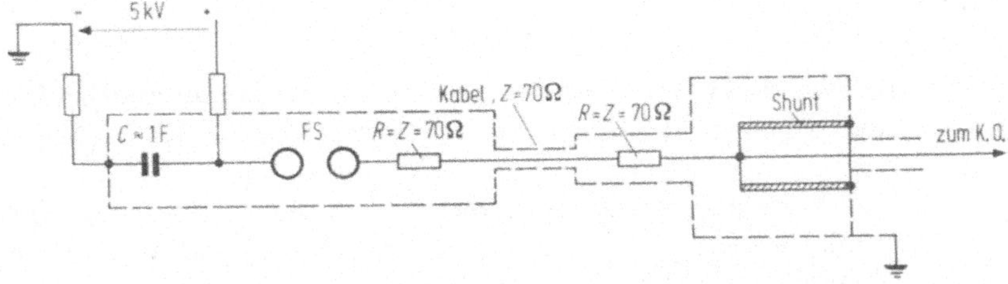

Abb. 1.47. Eichung eines Meßshunts mit Quasi-Schrittstromimpulsen.

als bei Meßanordnungen für steile Stoßspannungen, sind auch die Anforderungen an die Zeitkonstante entsprechend geringer. Andererseits treten bei Meßshunts mechanische und thermische Beanspruchungen auf, deren kombinierte Wirkung Ermüdungserscheinungen und eine Zerstörung des Shunts hervorrufen kann, falls nicht besondere konstruktive Maßnahmen getroffen werden.

Der auf Abb. 1.45 dargestellte koaxiale Zylinder- oder Rohrshunt weist die geringste Zeitkonstante τ auf. Diese entspricht der sog inneren Zeitkonstanten des Shunts, der Schleife $a—b—c$ zur Messung der abgegriffenen Spannung zwischen a und b [39].

Bezeichnet man mit δ die Wandstärke des aus Widerstandsmaterial hergestellten Zylinders, mit ϱ den spezifischen Widerstand und mit $\mu_0 = 0{,}4\,\pi \cdot 10^{-6}$ Vs/Am die Permeabilität im Vakuum, so ergibt sich die Zeitkonstante zu

$$\tau \approx \frac{\mu_0\,\delta^2}{6\,\varrho}\,. \tag{78}$$

Da $\tau > 0$, weisen derartige Meßshunts einen negativen Übertragungsfehler auf, d. h. es wird ein zu kleiner Strom angezeigt. Werden anstelle des inneren Zylinders parallele Widerstandsdrähte oder Streifen in bestimmten gegenseitigen Abständen nach Abb. 1.46b eingebaut, so weist das Magnetfeld einen entgegengesetzten Verlauf. Durch geeignete Kombination der beiden Effekte [40], indem beispielsweise am Zylinder längslaufende Nuten oder Schlitze angebracht werden, können Zeitkonstanten von 10 bis 20 ns erreicht werden.

Abb. 1.47 zeigt den Versuchsaufbau für Eichungen von Meßshunts mit Quasi-Schrittstromimpulsen die durch eine Kondensatorenentladung durch einen niederohmigen Kreis erhalten werden.

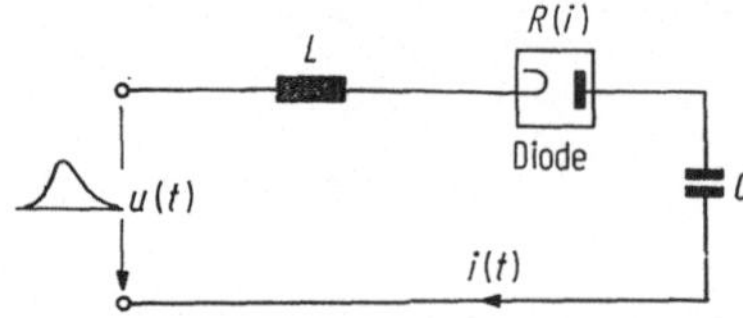

Abb. 1.48. Ersatzschema eines Stoßspannungs-Scheitelwertvoltmeters. L Induktivität der Zuleitung, D Diode mit nichtlinearer Charakteristik $R(i)$, C Aufladekapazität, $u(t)$ angelegte Stoßspannung $i(t)$, Strom.

1.9. Das Stoßvoltmeter

Wie bereits erwähnt, interessiert bei vielen Stoßspannungsprüfungen nur der Scheitelwert, und nicht der ganze Verlauf der Stoßspannung.

Eine im Prinzip einfache Methode der Scheitelwertmessung einer Stoßspannung besteht in der Aufladung einer Meßkapazität über eine Diode hohen Sperrwiderstandes und Messung der Spannung am Kon-

densator mittels bzw. eines Röhrenvoltmeters. Entsprechende Geräte
sind als Stoßvoltmeter oder Stoßspannungs-Scheitelspannungsmesser
bekannt.

Das Stoßvoltmeter geht auf einen Vorschlag von Rabus [41] zurück,
der auch die verbesserte Schaltung mit Umladung entwickelt hat. Eine
eingehende theoretische und experimentelle Untersuchung des Stoßvoltmeters ist von Trümpy [42] für folgende Schaltungen durchgeführt
worden:

1. das einfache Stoßvoltmeter mit hohem Sperrwiderstand der Auf-
ladungsdiode,

2. die Umladeschaltung,

3. das Stoßvoltmeter mit reduziertem Dioden-Sperrwiderstand und
elektronischer (analog-analoger oder analog-digitaler) Spannungs-Zeit-
umwandlung des Meßwertes.

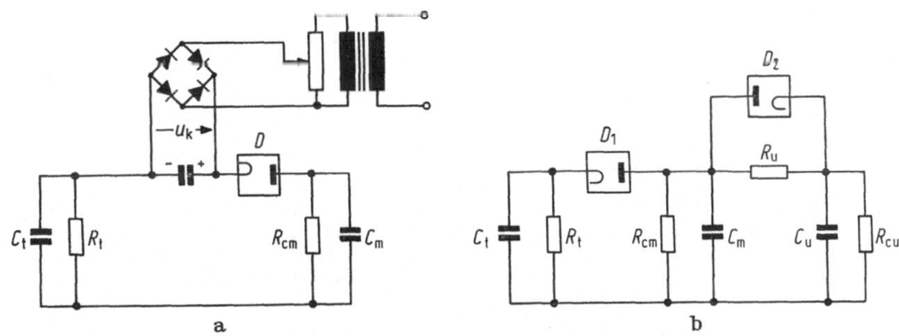

Abb. 1.49. Anlaufstrom-Kompensationsschaltungen. a) Schema nach Rabus, b) Schema nach Trümpy. C_t Kapazität und R_t Widerstand des Spannungsteilers, C_m und R_{cm} Kapazität und Widerstand
des Meßkondesators, C_u und R_{cu} Kapazität und Widerstand des Umladekondensators, D, D_1, D_2
Dioden.

Die drei Schaltungen können im Wesentlichen auf das auf Abb. 1.48
gezeigte Ersatzschema zurückgeführt werden. Die Stoßspannung, zumeist der Normstoß $u_s(t)$ oder lineare Steilstoß $y(t)$, wirkt auf den aus
Induktivität L, veränderlichen, nichtlinearen Diodenwiderstand $R(i)$
und Meßkapazität C zusammengesetzten Meßkreis ein. Der Diodenwiderstand ergibt sich aus der bekannten Röhrencharakteristik zu

$$R(i) = \frac{u(i)}{i} = K \frac{i^{\frac{2}{3}}}{i} = K \cdot i^{-\frac{1}{3}}.$$ (79)

Die Differentialgleichung des Meßkreises ist durch

$$\frac{di}{dt} + \frac{1}{L} R(i) \cdot i + \frac{1}{LC} \int i \, dt = \frac{1}{L} u_s(t)$$ (80)

gegeben.

Für den Normstoß kann Gl. (80) graphisch, für den linearen Steilstoß analytisch gelöst werden.

Aus den errechneten Fehlerkurven können die Grenzen der Anwendung von Stoßvoltmetern wie folgt zusammengefaßt werden: Volle
Stöße mit einer minimalen Frontdauer von 0,1 µs und minimaler Rük-
kenhalbwertszeit von 5 µs können bis auf $\pm 1\%$ genau gemessen werden. Bei der Steilstoßmessung mit Anstiegszeiten $T_a \leq 0,5$ µs beträgt
der Meßfehler etwa $\pm 2\%$. Dies sind die theoretischen, unabhängig von
jeder praktischen Ausführung auftretenden Meßfehler. Hierzu kommen weitere Fehlerquellen, die insbesondere auf die Diode und den
Isolationswiderstand des Meßkondensators C_m zurückzuführen sind
Bekanntlich fließt in einer Röhre auch bei Anodenstrom Null der sog.
Anlaufstrom. Dieser schließt sich nach Abb. 1.49 auch über den Isolationswiderstand R_{cm} des Meßkondensators C_m und ruft an diesem
eine unerwünschte Spannung hervor. Es ist somit erforderlich, den
Anlaufstrom zu kompensieren, z. B. durch eine der beiden in Abb.
1.49 a und b dargestellten Schaltungen nach Rabus oder Trümpy
[41, 42].

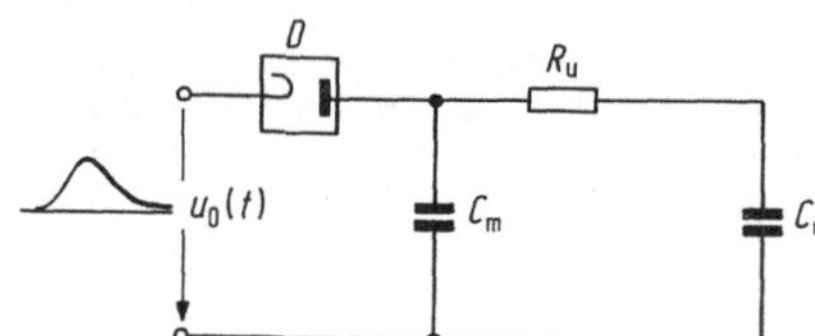

Abb. 1.50. Umladeschaltung nach
Rabus. R_u Umladewiderstand,
C_u Umladekapazität.

Auf die einzelnen Varianten des Stoßvoltmeters zurückkommend,
ergibt sich bei der Grundschaltung 1. das Problem eines entsprechend
hohen Sperrwiderstandes der Aufladediode. Nimmt man z. B. eine
minimale Ablesezeit des Anzeigeinstrumentes von 10 s bei einer mit
Rücksicht auf den Meßfehler noch zulässigen minimalen Kapazität von
$C_m = 100\,\mathrm{pF}$ an, so ergeben sich Sperrwiderstände von $10^{14}\,\Omega$, die nur
bei wenigen mit reduziertem Heizstrom arbeitenden Röhren zu finden
sind. Es besteht jedoch keine Gewähr, daß diese hohen Sperrwiderstände auch zeitlich erhalten bleiben.

Durch die in Abb. 1.50 dargestellte Umladeschaltung kann der
Dioden-Sperrwiderstand auf etwa $10^{12}\,\Omega$ verringert werden, d. h. auf
Werte, die bei reduzierten Heizströmen üblich sind und auch erhalten
bleiben. Bei der Umladeschaltung wird die Ladung vom Meßkonden-
sator auf die beiden Kapazitäten $C_m + C_u$ verteilt. Die Entladezeit-
konstante wird $\tau_e = (C_u + C_m)\,R_i$, wobei mit R_i der resultierende
Isolationswiderstand von $C_u + C_m$ bezeichnet ist. τ_e kann somit um
das 10- bis 20fache erhöht werden.

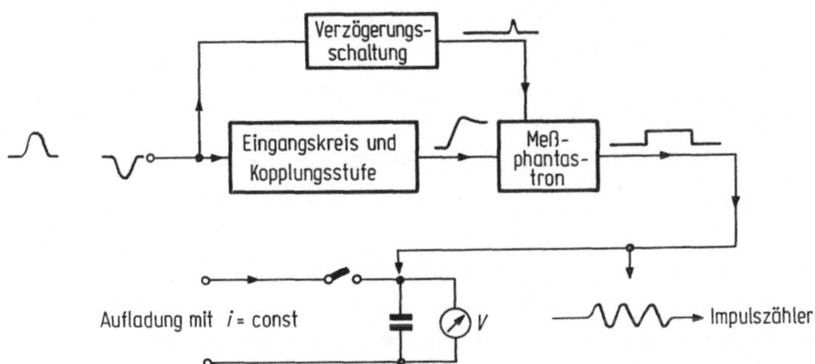

Abb. 1.51. Blockschema des Stoßvoltmeters mit Meßphantastron nach Trümpy.

Umladekapazität C_u und -widerstand R_u sind nach folgenden Gesichtspunkten auszulegen: Während der maximalen Ladezeit t_{lm} darf nur ein Bruchteil der Ladung ξ (etwa $1^0/_{00}$) an C_u übertragen werden, der Minimalwert für R_u ist somit

$$R_{u\,min} > \frac{t_{lm}}{C_u} \, . \tag{81}$$

Der Höchstwert von R_u ist durch die Bedingung gegeben, daß die Umladezeitkonstante geringer als die Ablesedauer sein soll:

$$\tau_u = R_u\, C_m \ll T_{ab} \, . \tag{82}$$

Für $C_m = 100\ \mathrm{pF}$ und $\xi = 1^0/_{00}$ erhält man Werte von $C_u \approx 1\ \mathrm{nF}$ und $R_u \approx 10^8\ \Omega$. Eine elegantere, indirekte Meßmethode, die eine beträchtliche Herabsetzung des Dioden-Isolationswiderstandes erlaubt, ist von Trümpy entwickelt worden [42]. Durch eine Phantastron-Kippschaltung wird die am Kondensator C_m erscheinende Spannung U_m zur Auslösung eines ms-Zeitpulses mit steilen Flanken verwendet, wobei die Impulsdauer T_{im} der zuletzt am Kondensator C_m sich eingestellten

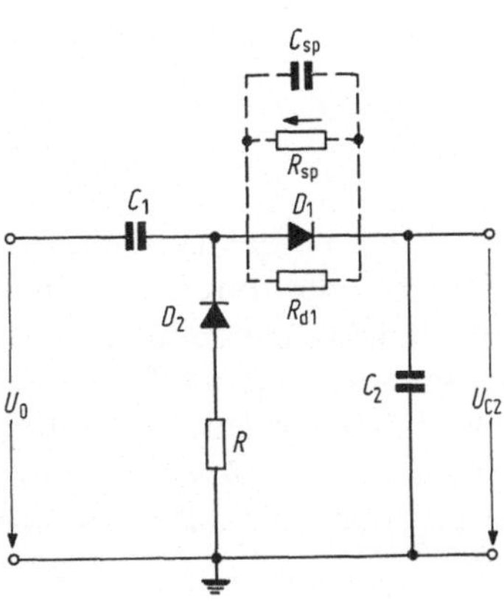

Abb. 1.52. Scheitelspannungsmesser mit Halbleiterdioden nach Wiesinger. C_1 Kapazität, C_2 Umlade- und Meßkapazität, U_V angelegter Spannungsscheitelwert, U_{c2} gespeicherte Meßspannung, D_1, D_2 Halbleiterdioden, R_{sp}, C_{sp} Sperrwiderstand und Kapazität von D_1, R_{d1} Durchlaßwiderstand von D_1, R hochohmiger Widerstand.

Spannung streng proportional gemacht werden kann. Abb. 1.51 zeigt den Aufbau dieser Schaltung. Der Zeitimpuls T_{im} kann zum Aufladen einer weiteren großen Kapazität C' mit konstantem Ladestrom verwendet werden; Die Spannung U'_c ist dann dem Scheitelwert der Stoßspannung proportional. T_{im} kann auch mit einer 100 kHz-Frequenz auf 1% genau gezählt werden, woraus auf die Stoßspannung geschlossen werden kann.

Ein modifiziertes Scheitelspannungs-Meßgerät für Impulse mit Anstiegs- und Abfallzeiten zwischen einigen 100 ns und mehreren ms mit großer Speicher- und Ablesezeit ist unter Anwendung von Halbleiterelementen von Wiesinger [43] entwickelt worden.

Abb. 1.52 zeigt den prinzipiellen Aufbau der Schaltung, die z. B. am Niederspannungsabgriff eines Stoßspannungsteilers angeschlossen wird: Da Halbleiterdioden mit guten Durchlaßeigenschaften und geringer Erholungszeit keinen genügend hohen Sperrwiderstand aufweisen, sind zwei verschiedene Diodentypen 1. für die Aufladung des Speicherkondensators C_2 und 2. für die Verhinderung der Entladung verwendet worden.

Die Aufladediode D_1 weist hohe Sperrspannung auf (140 V bei 10^{-7} A Sperrstrom). Als Sperrdiode D_2 ist die Gitter-Anoden- oder Gitter-Kathodenstrecke eines N-Kanal-Feldeffekttransistors mit geringem Gitterleckstrom in Sperrichtung verwendet worden (einige 10^{-12} A bei 1 V). Typische Werte der Schaltungselemente sind $C_1 \approx$ ≈ 100 pF, $C_2 \approx 30$ nF, $R \approx 100$ kΩ. Bezeichnet man die Schwellspannung der Diode D_1 mit U_{s1}, mit R_{sp1}, C_{sp1} Sperrwiderstand und Kapazität, ferner mit T_a und T_r die Anstiegs- und Abfallzeit des Spannungsimpulses, so ist die Spannung an C_2 nach T_a durch

$$U_{c2}\,[\mathrm{V}] = U_0 \frac{1}{T_a} \frac{C_1}{C_1 + C_2}\left\{ T_a\left(1 - \frac{U_{s1}}{U_0}\right) - T_1\left[1 - e^{-\frac{T_a}{T_1}\left(1 - \frac{U_{s1}}{U_0}\right)}\right]\right\}$$

$$(83)$$

mit

$$T_1 = R_{d1} \cdot \frac{C_1\,C_2}{C_1 + C_2} \qquad (84)$$

gegeben. R_{d1} ist der Durchlaßwiderstand von D_1.

Während des Impulsabfalls können die Widerstände R und R_{sp1} als sehr hoch angenommen werden. Nach dem Ende des Spannungspulses entladen sich die Kapazitäten C_1 und C_2 über R. Hat die Spannung an C_1 die Durchlaßspannung der Diode D_2 erreicht, so wird C_1 auf die Spannung U_{c2} über R_{sp1} umgeladen. Die dadurch erfolgte Verringerung der Spannung an der Umlade- und Meßkapazität C_2 ist gering.

Die Schaltung besitzt eine große Speicherzeit, die durch den sehr geringen Speicherstrom I_{sp} gegeben ist. Für einen Meßfehler von n [$^0/_{00}$] beträgt sie:

$$t = \frac{n \cdot 10^{-3} \cdot U_{c2} \cdot C_2}{I_{sp}}, \qquad (85)$$

Es werden Werte von mehreren 10 s erreicht.

Literatur zu Kap. 1

1. IEC-Publication No 60: High Voltage Testing Techniques.
2. W. Böning: Theorie und Anwendung der Entladung des symmetrischen homogenen LC-Kettenleiters zur Erzeugung hochgespannter Rechteckimpulse. Diss. an der TH Aachen 17. 1. 1959.
3. J. D. Craggs, M. E. Haine, J. M. Meek: The development of triggered spark-gaps for high power modulators. J. IEE 93 (Aus. III A) (1946) 963.
4. T. E. Broadbent: Spark gap switching with low voltage triggering. Proc. IEE 111 (1964) 1948.
5. T. J. Williams: The theory and design of the triggered spark gap. Sandia Corp. Techn. Memoranda 186—59(14) 1959.
6. D. C. Hagerman, A. H. Williams: Rev. Sci. Instr. 30. 3. (1959) S. 182.
7. A. M. Slatten, T. J. Lewis: Proc. IEE, Part C, 104 (1956) 56.
8. R. B. Johansson, E. A. Smärs: Proc. V. Conf. Ion. Gases, München 1961, Amsterdam: North-Holland.
9. W. Auth, H. Schindelin: ETZ-A 76 (1955) 386.
10. W. Lampe: ETZ-A 83 (1962) 591.
11. F. Deutsch: Schalter für Hochstromimpulse bei hohen Spannungen. Bull. SEV 55 (1964) 1123.
12. H. Haefer: Acta Phys. Austr. 7 (1953) 52.
13. F. M. Stolt: Ignitron Firing, Sandia Corp. Techn. Memoranda 213—59(12).
14. B. Gänger: Die Prüfung von Transformatoren mit abgeschnittenen Stößen. BBC-Mitt. 45 (1958) 29—44.
15. W. Meierhofer: Schweizerische Patentanmeldung 15218 vom 25. 1. 1955.
16. G. H. Johnson: An impulse generator circuit for chopped wave tests on transformers. Power, App. & Syst. 1953, No 7, 837—843.
17. D. Gabor: Forschungsheft der Studiengesellschaft für Höchstspannungs-anlagen, Jahrg. 1927.
18. A. Liechti: Spannungsteiler in Stoßanlagen. Micafil-Nachrichten 1945.
19. P. L. Bellaschi: The measuring of high surge voltages. Trans. AIEE 52 (1933) 545.
20. R. Elsner: Die Messung steiler Hochspannungsstöße mittels Spannungsteiler. Arch. f. Elektrotechnik 33 (1939) H. 1.
21. R. P. Howard: Errors in recording surge voltages. Proc. IEE, Part II, 99 (1952) 351.
22. N. Hyltén-Cavallius u. a.: Measuring errors in circuits for impulse testing. ASEA-Veröff. 21. 5. 1955, Reg. 0972, A-1014.
23. M. A. Romano: Etude des diviseurs de tension en régime permanent. Rév. Gén. Electr. 65 (1956) 289.
24. Rohlfs u. a.: The response of resistance voltage dividers to steep front impulse waves. AIEE Conf. Paper 57—353.

25. M. Oeszkaya: Über Meßfehler bei der Stoßspannungsmessung mit Spannungsteiler und Oszillographen. Techn. Ber. 186 der Studienges. für Höchstspannungsanlagen vom 30. 6. 1958.

27. A. Ašner: Neue Erkenntnisse über die Messung sehr hoher, rasch veränderlicher Stoßspannungen mittels Spannungsteiler Diss. ETH Zürich 1960 No. 2975.

28. K. Berger: Vergleichsmessungen an Funkenstrecken. Bericht über Arbeiten des CIGRE-Studienkomitees Nr. 8; Ber. 326 (1956).

29. A. Ašner: Ersatzschema der Zuleitung in der Hochspannungs-Meßtechnik, insbesondere bei der Messung rasch veränderlicher Stoßspannungen. Bull. SEV 52 (1961) 192.

30. Goosens, Provost: Fehlerquellen bei der Registrierung hoher Stoßspannungen mit dem Kathodenstrahloszillographen. Bull. SEV 37 (1946) 175.

31. E. Pirkl: Bifilar wound resistances. The calculation of the inductance value and discussion of different ways of winding. ASEA-Report, Reg. 5249—1955.

32. W. Zaengl: Ein neuer Teiler für steile Stoßspannungen. Bull. SEV 56 (1965) 232.

33. Burch: On potential dividers for cathode ray oscillograph. Phil. Mag. 1932, Reihe VII, Bd. 13, S. 760.

34. Tropper: Recording of impulse voltages. ERA-Report L/T 168—1947.

35. J. R. Park: Surge measurement errors introduced by coaxial cables. Comm. & Electronics, July 1958, Nr. 37, S. 343.

36. M. Böckmann, N. Hyltén-Cavallius: Errors in measuring surge voltages. ASEA-Pamphlet 1946.

37. C. F. Creed: La mésure des ondes coupées sur le front. CIGRE-Bericht 320—1958.

38. K. May: Unabhängigkeit der Funkenkonstante vom Luftdruck. Arch. f. Elektrotechn. 21 (1929) 467.

39. C. Gary: Shunt coaxial pour la mésure des courants de choc. Rev. Gén. de l'Electr. 65 (1956) 279.

40. R. Nillson, R. Witt: The construction of low ohmic measuring shunts. ASEA Int. Ber. TM 9108 (1956).

41. W. Rabus: Messungen von Überspannungen mit Hochvakuumventil und elektrostatischem Spannungsmesser. ETZ-A, H. 23, 1. 12. 1953.

42. E. Trümpy: Theoretische und experimentelle Untersuchung von Meßgeräten zur Bestimmung des Scheitelwertes von kurzzeitigen Stoßspannungen. Diss. ETH, Nr. 2540—1956.

43. J. Wiesinger: Eine neue Speicherschaltung zur Messung von Spannungsimpulsen. Bull. SEV 59 (1968) 303—308.

2. Die Stoßprüfung von Transformatoren

2.1. Einleitung

Die Stoßprüfung von Transformatoren (Meßwandlern, Drosselspulen) gehört zu den wesentlichsten und bedeutendsten Anwendungen der Stoßspannungsprüf- und Meßtechnik. Mit Ausnahme vielleicht der Stoßspannungsprüfung von Hochspannungsableitern sind durch das Verlangen nach stets genaueren und besseren Prüfverfahren von Transformatoren entscheidende Anregungen zur Verbesserung der Stoß spannungs-Prüf- und Meßtechnik ausgegangen.

Bereits frühzeitig ist erkannt worden, daß die durch Blitzeinschläge hervorgerufenen Beanspruchungen und Beschädigungen von Transformatoren anders waren als bei Netzspannung. 1933 sind in den USA die ersten Empfehlungen über Stoßprufungen von Transformatoren ausgearbeitet worden [1], etwas später in Europa.

Zuerst war vorgesehen, die Stoßprüfung bei netzfrequenter Erregung des Transformators durchzuführen, da man der Ansicht war, daß der netzfrequente Strom einer Vorbeschädigung durch Stoß folgen und somit wesentlich zur Fehlerortung beitragen würde. Es zeigte sich jedoch, daß der Netzstrom nur selten auftrat, da die Prüfanlage zumeist nur den Leerlaufstrom aufbringen konnte. Die Zuführung eines mit dem Stoßvorgang entsprechend synchronisierten Belastungsstromes erwies sich als umständlich, da durch die Einführung von Trennschaltern, Ableitern usw. die Stoßform verändert und die Fehlerortung erschwert wurde. Folgte in seltenen Fällen eine Beschädigung, so war die Zerstörung zumeist derart ausgedehnt, daß sich eine Feststellung der ursprünglichen Stoßbeschädigung als unmöglich erwies.

Desgleichen erwies sich die Annahme, daß ein Stoßdefekt jeweils von Ölblasen- und Rauchbildung oder leicht erkennbaren Ölschlägen an die Kesselwand begleitet ist, nicht als zutreffend, da diese Begleiterscheinungen bei subtileren Windungskurzschlüssen, die sich über einen geringen Teil der beanspruchten Wicklung erstrecken, völlig ausbleiben können.

Obwohl die vom mathematischen Standpunkt aus noch heute reizvolle Problematik des Verhaltens von Transformatorenwicklungen bei Einwirkung verschiedener Stoßspannungen seit der Jahrhundertwende ausführlich behandelt worden ist, ist die entsprechende Prüftechnik mit sicherer Aussage seit etwa 1944 möglich. Vorbedingungen hierfür sind durch die Entwicklung der Kathodenstrahloszillographen geschaffen worden (s. 1.6.5).

Die im Jahre 1944 erstmal von Hagenguth [2] angegebene, und seitdem im Wesentlichen allgemein angewandte Prüfschaltung mit Strommessung der beanspruchten Wicklung ermöglichte eine sichere Fehleranzeige und oft auch eine Bestimmung des Fehlerortes in der Wicklung. Die Literatur über die Stoßbeanspruchung und -prüfung von Transformatoren ist derart umfangreich, daß am zweckmäßigsten auf die Bibliographie von Abetti [3] verwiesen sei, die zuerst im Jahre 1958 herausgegeben wurde und seitdem in zweijährigen Abständen ergänzt wird.

Von den Pionierarbeiten seien die Beiträge von K. W. Wagner [4, 5], Blume und Bojajian [6], Paluev und Hagenguth [7], Bewley [8, 9] und Heller [10] erwähnt. Aufgrund dieser und anderer Arbeiten ist dann das von Abetti [11] angegebene elektromagnetische Modell des Transformators entwickelt worden, welches bei im Original und Modell gleicher magnetischer Induktion im Eisenkern eine für viele Versuche günstige Raum- und Zeittransformation ermöglicht [12].

Trotz der großen Anzahl theoretischer Abhandlungen über das Verhalten von Transformatorenwicklungen bei Stoß, sind die Schlußfolgerungen für die Beurteilung des Ausganges einer Stoßprüfung nur beschränkt anwendbar. Der Grund hierfür liegt einerseits in den verschiedenen vereinfachten Annahmen die beim Entwurf entsprechender Ersatzschemata von Transformatoren getroffen wurden, Annahmen die jedoch notwendig sind, um mit vernünftigem Aufwand zu einer Lösung zu gelangen, andererseits auch in der Vielfältigkeit von ausgeführten Transformatorenwicklungen die bewirken, daß die theoretischen Voraussetzungen nicht allgemein zutreffen.

Selbst wenn zur Erhärtung der einen oder anderen Theorie Oszillogramme über z. B. eine Ortung entsprechender, künstlich eingeleiteter Wicklungsdefekte angegeben werden, die mit der Theorie weitgehend übereinstimmen, so verleiht dies noch keine allgemeine Gültigkeit. Es bestätigt vielmehr, daß bei der erprobten Wicklung die getroffenen Vereinfachungen weitgehend erfüllt waren.

Bevor zu den Versuchsschaltungen und der Prüftechnik, insbesondere zur Fehlerfeststellung und -ortung übergegangen wird, soll das Verhalten von Transformatorenwicklungen beim Einzug einer Stoßspannung kurz erörtert werden.

Transformatoren werden mit den in 1.1. definierten Prüf-Stoßspannungen beansprucht. Der Vollstoß soll die Beanspruchung des Transformators mit atmosphärischen Überspannungen, die unter der Ansprechspannung von Schutzableitern liegen, nachbilden, während abgeschnittene Stöße den Festigkeitsnachweis bei Beanspruchungen, die bei direktem Überschlag einer Leitung, Sammelschiene oder eines Mastes auftreten, erbringen soll.

Insbesondere Funkenstrecken lassen dann auch Stöße mit höherem
Scheitelwert als beispielsweise die 50%-Ansprech-Stoßspannung
„durchschlüpfen", wobei in Einklang mit der Zeit-Spannungs-Kenn-
linie immer höhere Stoßspannungen nach immer kürzerer Zeit zusam-
menbrechen und zuletzt im Anstieg selbst abgeschnitten werden (Steilstöße).

Zum Verständnis der Prüfverfahren soll der zeitliche Verlauf in der
beanspruchten Transformatorenwicklung, insbesondere der Stromverlauf, näher erörtert werden. Bei den kurzzeitigen Beanspruchungen
stellt die Wicklung ein komplexes Gebilde dar, wie in Abb. 2.1 gezeigt.
Das Verhalten und die Rolle des Eisenkernes bei Stoßvorgängen ist
relativ spät geklärt worden. Die Behauptung von Gänger [13] und
anderer Autoren [14], wonach die Proportionalität zwischen Spannung
und Strom einer gestoßenen Wicklung ein Beweis dafür sei, daß der

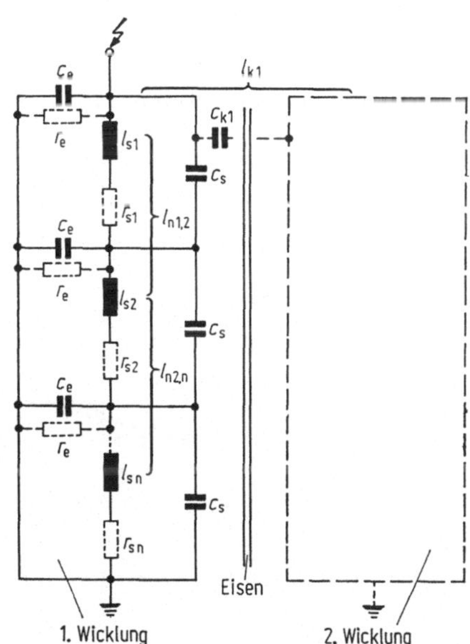

Abb. 2.1. Ersatzschaltbild eines Transformators bei Stoßprüfung. Pro Längeneinheit: l_s Eigeninduktivität, l_n gegenseitige Induktivität, c_s Längskapazität, c_e Quer- oder Erdkapazität, r_s Längswiderstand, r_e Quer- oder Ableitwiderstand, c_k Kopplungskapazität zwischen Wicklungen, l_k induktive Kopplung zwischen Wicklungen.

Eisenkern infolge des relativ hohen Frequenzbereiches der Stoßvorgänge nicht mitwirkt, bzw. daß der induzierte Fluß in das Eisen nicht
eindringen kann, erwies sich als physikalisch unzutreffend. Es ist das
Verdienst M. Christoffels [15] als erster darüber Klarheit geschaffen zu
haben. Danach sind die induktiven Kopplungen zwischen den einzelnen Wicklungen nicht weniger eng als bei netzfrequenten Vorgängen.
Das Eisen wirkt keinesfalls als kurzgeschlossener Schild und die Wir-
belströme können das Eindringen des Magnetflusses nur während weniger µs aufhalten. Eine Sättigung des Eisenkernes tritt bei Stoßver-

suchen mit Ausnahme von vielleicht kleinen Verteilungstransformatoren nicht auf; Die Induktionen bei Vollstoß sind gering (um 0,1 T)
und die relative Permeabilität entsprechend hoch.

Daß die Rolle des Eisens bei Stoßvorgängen nur selten in Erscheinung tritt, hat folgende Gründe: Bei Stoßprüfungen sind die Sekundärwicklungen entweder kurzgeschlossen oder niederohmig belastet, so
daß der Magnetisierungsstrom im Verhältnis zum Kurzschlußstrom
der Wicklung vernachlässigbar ist. Anstelle der Leerlaufinduktivität
tritt die Kurzschlußinduktivität. Bei Schwingungsvorgängen im Inneren einer Wicklung induziert jede völlig im Eisen verlaufende Feldlinie die gleiche Spannung in den einzelnen Windungen, so daß sich
sämtliche Felder, die durch Schwingungen zwischen Wicklungsteilen
hervorgerufen werden, zumindest teilweise durch die Luft schließen
müssen. Die maßgebenden Induktivitäten sind die Streu- und Kurzschlußinduktivitäten zwischen den entsprechenden Wicklungsteilen.
Hauptfeldschwingungen können jedoch in seltenen Fällen, beispielsweise als Sternpunktschwingungen oder als Schwingungen zwischen
den Wicklungen zweier Säulen eines Einphasentransformators auftreten.

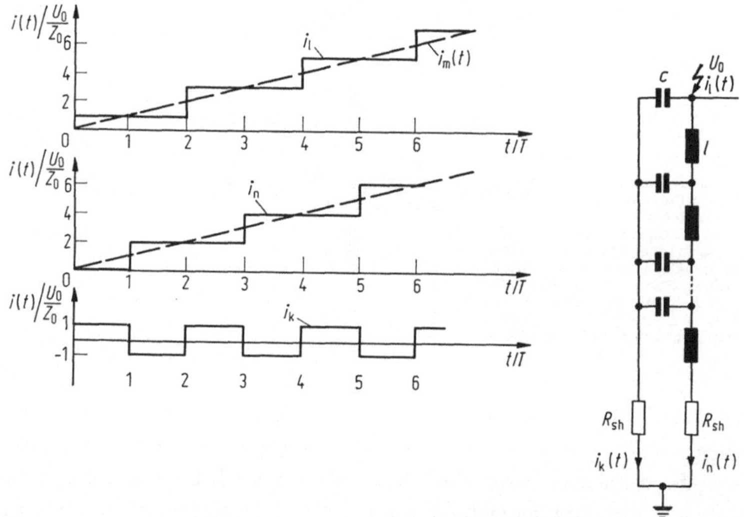

Abb. 2.2. Stromverlauf in verlustlosem Wellenleiter. U_0 angelegte Spannung, $i_m(t)$ Magnetisierungsstrom, $i_l(t)$ Gesamtleitungsstrom, $i_n(t)$ Nullpunktstrom, $i_k(t)$ Kesselstrom, R_{sh} Meßshunt, Z_0 Wellenwiderstand.

Verschiedene Autoren haben versucht, die Vorgänge in Transformatorenwicklungen bei Stoß mit den Vorgängen in einer Leitung der
Länge l bestehend aus Gesamtinduktivität L und Kapazität C mit der

Laufzeit

$$T = \sqrt{L\,C} \tag{1}$$

und der Fortpflanzungsgeschwindigkeit

$$v = \frac{l}{\sqrt{L\,C}} \tag{2}$$

zu erklären. Es soll nun untersucht werden, unter welchen Bedingungen ein derartiger Vergleich erlaubt ist, bzw. wann er versagen muß und welche Folgen sich für die Fehlerdetektion ergeben.

Abb. 2.2 zeigt den zeitlichen Verlauf des Leitungs- (d. h. Gesamtwicklungs-)stromes $i_1(t)$, des Nullpunktstromes $i_n(t)$ und des Kessel- oder Ableitungsstromes $i_k(t)$ einer derartigen Leitung, die am Anfang mit der Schrittspannung $U_0\,\varepsilon(t)$ beansprucht wird. Der Leitungsstrom $i_1(t)$ erhöht sich nach jeder ,,geraden Laufzeit'' $2\,T$, $4\,T$, ... um den Betrag $2\,U_0/Z_0$, der Nullpunktstrom nach jeder ,,ungeraden Laufzeit'' T, $3\,T$, ..., während $i_k(t) = i_1(t) - i_n(t)$ ist.

Es kann gezeigt werden, daß sowohl $i_1(t)$ als auch $i_n(t)$ um den ,,Magnetisierungsstrom'' $i_m(t)$ oszillieren, wobei $i_m(t)$ für den einfachsten Fall einer eisenlosen, widerstandslosen Spule

$$i_m(t) = \frac{U_0}{L_0}\,t \tag{3}$$

ist, mit der Spuleninduktivität L_0.

Bei Transformatoren aus Blechen der Dicke d, mit konstant angenommener relativen Permeabilität μ_r, und spezifischem Widerstand ϱ ist die entsprechende Induktivität durch

$$L' = L_0 \left\{ \frac{1}{1 + \dfrac{\pi^2}{3}\dfrac{T_1}{t}\left[1 - \dfrac{\sum\limits_{n=1}^{\infty}\dfrac{1}{n^2}e^{-n^2\frac{1}{T_1}}}{\sum\limits_{n=1}^{\infty}\dfrac{1}{n^2}}\right]} \right\} \tag{4}$$

gegeben, wobei

$$T_1 = \frac{\mu_r\,\mu_0}{\varrho}\left(\frac{d}{2\,\pi}\right)^2. \tag{5}$$

Wie bereits angedeutet, unterscheidet sich eine Transformatorenwicklung von einer Leitung durch die Reihenkapazität c_s, die gegenseitige Induktivität l_n sowie durch die magnetische Kopplung der verschiedenen, nicht benachbarten Wicklungsteilen. Hier kommt dem Zustand der nicht beanspruchten, jedoch magnetisch gekoppelten Wicklungen eine bedeutende Rolle zu: Ist die Sekundärwicklung (und evtl.

weitere Wicklungen) offen, so ist der Strom in der beanspruchten Wicklung durch die hohe Leerlaufinduktivität bestimmt und entsprechend gering. Abb. 2.3a zeigt ein Oszillogramm mit der Stoßspannung 1,2/50 und den Stoßströmen für einen derartigen Fall. Nullpunktstrom und Kesselstrom weichen wenig voneinander ab, so daß der Summenstrom gering ist. Ein Wanderwellenverhalten der Wicklung ist praktisch nicht vorhanden.

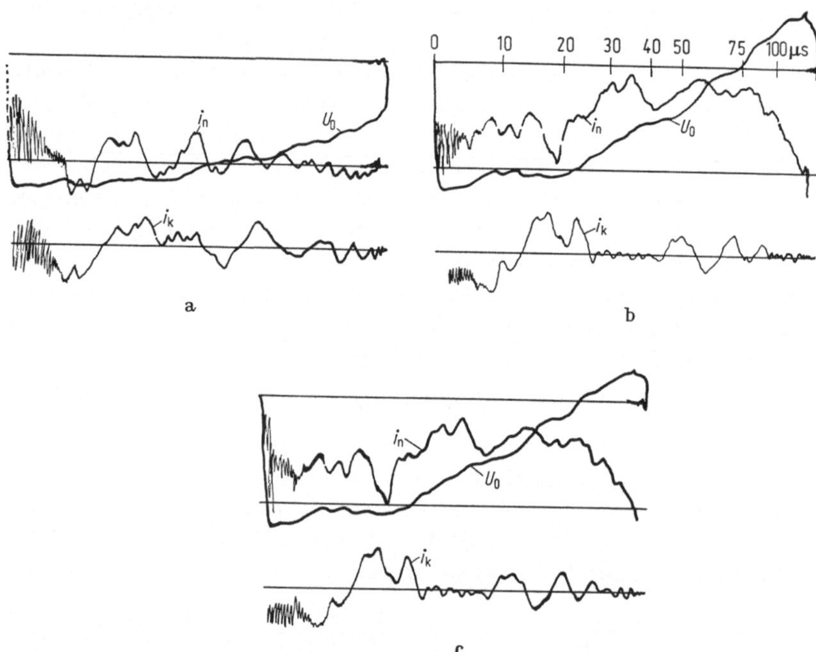

Abb. 2.3. Einfluß der Sekundärwicklungsbelastung auf den Stromverlauf der gestoßenen Wicklung mit Normstoß 1,2/50 a) Sekundärwicklung offen, b) kurzgeschlossen, c) über 30 Ω geerdet.

Wesentlich andere Verhältnisse ergeben sich bei kurzgeschlossenen Sekundärwicklungen oder niederohmigen Belastung. Dieser Fall überwiegt bei den meisten in praxi durchgeführten Stoßprüfungen, indem dann die nicht gestoßenen Wicklungen entweder kurzgeschlossen oder mit einem, dem Wellenwiderstand der angeschlossenen Kabel- oder Freileitung, entsprechendem Widerstand, d. h. mit 50 bis 400 Ω, niederohmig abgeschlossen werden.

Die Stoßströme weisen dann Reflexionserscheinungen und eine Fortpflanzungsgeschwindigkeit nach Gl. (2) auf, die unter Berücksichtigung der relativen Dielektrizitätskonstanten der Transformatorenisolation von $\varepsilon' = 4$ zu $v \approx 150 \cdot 10^6$ ms^{-1} angenommen werden darf. Abb. 2.3b und 3c zeigen nun die Stromoszillogramme der gleichen

Wicklung wie auf Abb. 2.3a, jedoch mit kurzgeschlossener bzw. mit 30 Ω belasteter Sekundärwicklung. Nullpunkt- und Kesselstrom weisen jetzt Wanderwellenverhalten auf.

Auch der Wicklungsaufbau eines Transformators bestimmt weitgehend, ob bei Stoßbeanspruchung Wanderwellenverhalten erwartet werden kann. Scheibenspulenwicklungen mit geringer Reihenkapazität und axialem Spannungsgefälle werden bei kurzgeschlossener oder niederohmig belasteter Sekundärwicklung überwiegend Wanderwellenverhalten aufweisen. Bei Lagenwicklungen mit relativ großer Reihenkapazität oder mit verschachtelten Wicklungen wird ein Wanderwellenverhalten nur in geringem Ausmaß vorhanden sein.

2.2. Praktische Durchführung der Stoßspannungsprüfungen

Die soeben durchgeführten Überlegungen sollen helfen, das Kernproblem der Stoßprüfung von Transformatoren, die Feststellung und womöglich auch Ortung etwa entstandenen Beschädigungen, besser zu verstehen.

Eine Stoßprüfung ist nur dann berechtigt, wenn dadurch die Festigkeit des Transformators einwandfrei nachgewiesen, bzw. jeder Fehler erkannt und gefunden werden kann.

Ein entscheidender Schritt in dieser Richtung ist, wie bereits erwähnt, durch das zuerst von Hagenguth [2] angegebene Nullpunktstrommeßverfahren getan worden. Dieses bald durch Kesselstrom- und Gesamtstrommessung ergänzte Verfahren wird seither als das einfachste und oft auch empfindlichste allgemein angewandt.

Die aufgenommenen Oszillogramme der Stoßströme ermöglichen nicht nur die Aufdeckung von groben Fehlern wie z. B. von Durchschlägen der Hauptisolation zwischen den Wicklungen bzw. zwischen

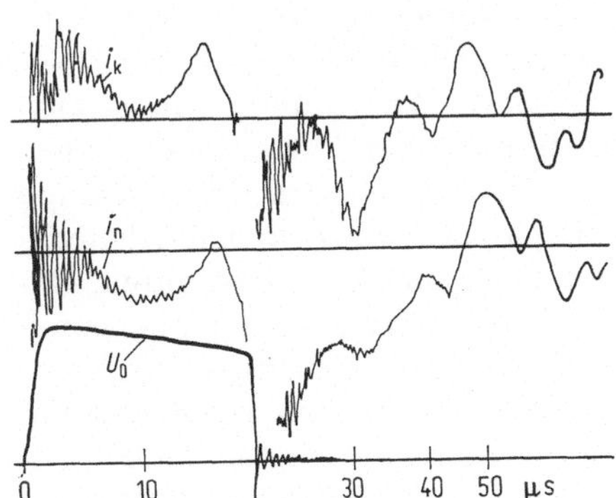

Abb. 2.4. Klemmendurchschlag eines Dreiphasentransformators. Oben Kesselstrom, Mitte Nullpunktstrom, unten Spannung.

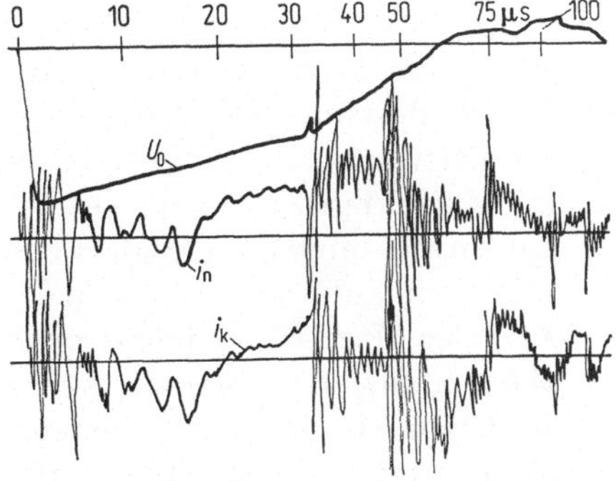

Abb. 2.5. Grober Wicklungsdefekt bei der Stoßprüfung eines 18-MVA-, 110-kV-Dreiphasentransformators (wie bei Abb. 2.4.).

Wicklung und geerdeten Teilen, sondern auch von Beschädigungen, die sich nur über einen geringen Teil der erprobten Wicklung, etwa über 1% der Gesamtwindungszahl erstrecken.

Abb. 2.4 zeigt die Oszillogramme des Kesselstromes, des Nullpunkt-(oder Wicklungs-)stromes und der Stoßspannung beim Klemmendurchschlag eines Dreiphasentransformators. Ein derart grober Fehler wird somit in den beiden Strömen und durch den jähen Zusammenbruch der Spannung einwandfrei angezeigt. In Abb. 2.5 sind die Oszillogramme der Normstoßprüfung eines 18-MVA-Dreiphasentransformators für 110 kV Nennspannung beim Eintreten eines gröberen Defektes der Längsisolation durch eine unweit vom Wicklungsende erfolgtem Überschlag zu der Sternpunktregulierwicklung gezeigt. Auch hier wird der Defekt in den beiden Strömen einwandfrei angezeigt; eine schwächere Anzeige in der Form einer stark gedämpften überlagerten Schwingung kann auch dem Spannungsoszillogramm entnommen werden.

Schwieriger sind die Verhältnisse bei Fehlern, die einen nur geringen Teil der Wicklung, vorwiegend der erprobten, erfassen. Der Defekt kann sich jedoch auch in einer nicht gestoßenen, z. B. auf der gleichen Eisenkern angeordneten Sekundärwicklung ausprägen.

Wird die Isolation zwischen benachbarten Windungen durch eine Funkenentladung durchschlagen, so verändern sich an der Defektstelle die elektrischen Parameter der Wicklung, insbesondere die Längskapazität und die Induktivität. Hochfrequente, durch den Funkenwiderstand gedämpfte Schwingungen im Frequenzbereich von einigen 10 bis 100 kHz werden angeregt, die in den Stromoszillogrammen erkannt werden können. Ein Vergleich derartiger Oszillogramme mit den bei geringer Spannung aufgenommenen sog. Referenzstoß-Oszillogrammen, wobei mit Sicherheit angenommen werden darf, daß die Wicklung unbeschädigt geblieben ist, läßt dann den Fehler erkennen.

Hier stellt sich das Problem der Anordnung und Wahl der elektrischen Parameter des Meßshunts. Der Wicklungsstrom $i_n(t)$ ist aus mehreren Komponenten zusammengesetzt: Am Anfang findet man den Ladestrom der Längskapazitäten mit dem kurzzeitigen hohen Scheitelwert. Der zweite Teil ist auf die Wicklungsschwingungen, die bei Wicklungen mit geringer Reihenkapazität, wie z. B. bei Scheibenspulenwicklungen, Wanderwellenverhalten mit den bekannten Reflexionen aufweisen, zurückzuführen. Die induktiven Komponenten sind der Magnetisierungsstrom und die durch gegenseitige Induktivitäten induzierten Ströme, so daß der Nullpunktstrom vor der ersten Reflexion ein negatives Vorzeichen aufweisen kann. Auch der Kesselstrom setzt mit einer Stromspitze ein, die auf die Aufladung der Durchführungs-, Schutzring- und der Wicklungs-Eingangskapazität zurückzuführen ist.

Abb. 2.6 zeigt die Oszillogramme des Nullpunkt- und Kesselstromes einer Transformatorenwicklung mit stark ausgeprägtem Wanderwellenverhalten. Die Anfangsspitzen *1* des Ladestromes, der Einfluß der induktiven Komponente *2* und die Wellenzüge in den beiden Strömen sind klar ersichtlich.

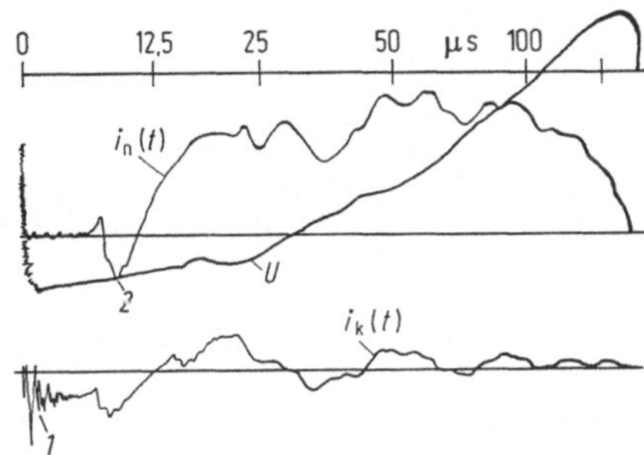

Abb. 2.6. Transformator mit Wanderwellenverhalten. *1* Anfangsspitzen des Ladestromes $i_k(t)$, *2* induktive, vor der ersten Reflexion auftretende Komponente des Nullpunktstromes $i_n(t)$.

Die infolge eines Wicklungsdefektes angeregten hochfrequenten Schwingungen prägen sich wie folgt im Nullpunkt- und Kesselstrom aus: Im Nullpunktstrom $i_n(t)$ wird durch die Wirkung der Längskapazitäten die Defektstörung verzugslos dem Meßshunt zugeführt. Die dem Zeitintervall t_{def} zwischen Stoßbeginn und der im Oszillogramm ersichtlichen hochfrequenten Störschwingung entsprechende Wicklungslänge ergibt mit guter Genauigkeit die Lage des erfolgten Defektes. Eine weitere ausgeprägte Anzeige erhält man bei der Reflexion der einziehenden Stromwelle am Wicklungsende: Für eine Fehlerortung ist diese Anzeige jedoch nicht geeignet, da unabhängig von der Lage des Defektes die Anzeige am Meßshunt nach der „Wicklungslaufzeit" T erscheint.

Im Kesselstrom $i_k(t)$ erhält man eine über die Erdkapazität der Defektstelle übertragene momentane Anzeige, die oft stärker ist als die im Nullpunktstrom.

Wird der Gesamtstrom $i_l(t)$ gemessen, so kann dem Oszillogramm neben der ersten, schwächeren Defektanzeige über die Längskapazitäten nach der Zeit t_{def} eine weitere Anzeige nach 2 t_{def}, d. h. nach Eintreffen der von der Defektstelle reflektierten Welle am Wicklungseingang entnommen werden.

Abb. 2.7 zeigt die Oszillogramme der Stoßprüfung eines 220-kV-Transformators. Die Zeitkonstante der logarithmischen Ablenkung ist $\tau = 50\,\mu$s. Links sind die bei reduzierter Referenzspannung aufgenommenen Ströme der gesunden Wicklung ersichtlich. Die Wicklungslaufzeit beträgt 29 μs, einer Hochspannungs-Wicklungslänge von 4,4 km entsprechend. Rechts die entsprechenden, bei erhöhter Stoßspannung aufgenommenen Oszillogramme mit Defektanzeigen im

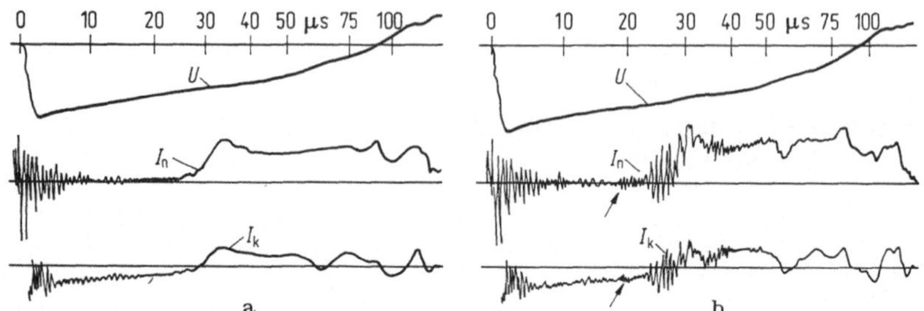

Abb. 2.7. Defektanzeige bei der Stoßprüfung der Hochspannungswicklung eines 220-kV-Dreiphasentransformators. Links: Gesunde Wicklung bei reduzierter Spannung; rechts: Hochfrequente Defektanzeigen im Kessel- und Nullpunktstrom.

Wicklungs- und Kesselstrom nach 19 μs; dies entspricht einem Wicklungsdefekt bei zwei Drittel der Leiterlänge. Für die Fehlerortung ist die durch Pfeile angedeutete hochfrequente Schwingung wichtig.

Abb. 2.8 zeigt die Oszillogramme der Stoßprüfung eines 32-MVA-, 220/105/30-kV-Transformators. Sämtliche Oszillogramme beziehen sich auf die Prüfung der 220-kV-Wicklung, wobei der Gesamtwicklungsstrom gemessen worden ist. Links ist das Oszillogramm der gesunden, rechts zwei Oszillogramme bei künstlich eingeleiteten Defekten in der

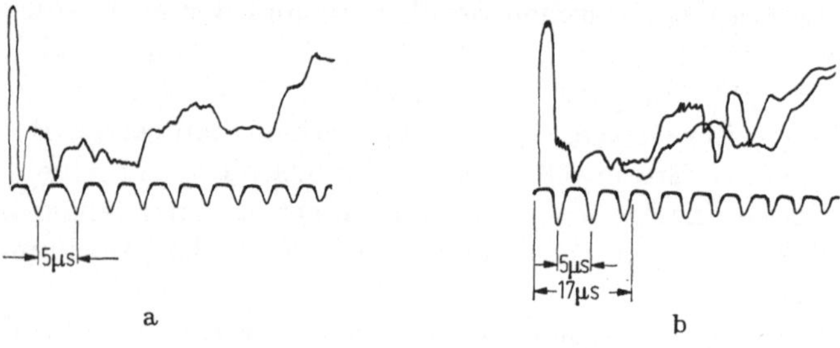

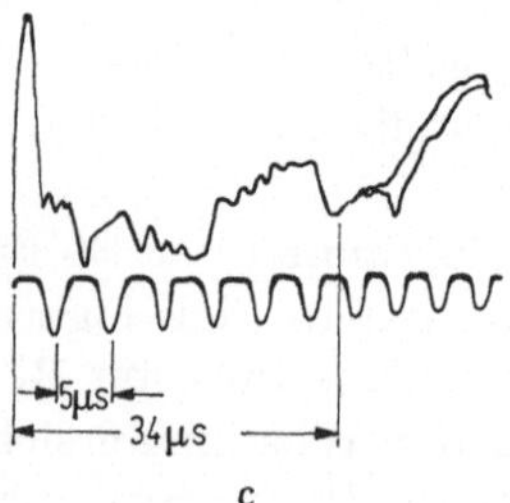

Abb. 2.8. Stoßprüfung der Hochspannungswicklung eines 32-MVA-, 220/105/30-kV-Dreiphasentransformators; Aufnahme des Gesamtstromes $i_1(t)$. Links: gesunde Wicklung, Mitte: künstlich eingeleiteter Defekt in Wicklungsmitte, rechts: künstlich eingeleiteter Defekt am Wicklungsende.

Mitte und am Ende der Wicklung ersichtlich. *Die induktive Methode* ist eine Kombination der soeben besprochenen Meßschaltung und des von Elsner [16] angegebenen Aufbaues. Diese Methode wird vorzugsweise bei Transformatoren angewandt, die kein Wanderwellenverhalten aufweisen, wie z. B. bei Verteilungstransformatoren mit Lagenwicklungen, Transformatoren mit in Reihe geschalteten Regulierwicklungen, ferner bei Transformatoren mit sehr kurzen Wicklungen u. ä.

Da die Stoßströme keine Reflexionen aufweisen, wird die induktive Komponente zur Fehleraufdeckung und evtl. auch Fehlerortung herangezogen. Man geht dabei von der Annahme aus, daß jeder Windungskurzschluß die Induktivität verringert und folglich der Magnetisierungsstrom erhöht wird. Am ausgeprägtesten wird diese Änderung bei offener Sekundärwicklung sein. Sollten sich dabei die in den offenen Sekundärwicklungen induzierten Spannungen als zu hoch erweisen, so wird die mit der gestoßenen Wicklung am gleichen Joch liegende Sekundärwicklung über einen entsprechenden Widerstand mit dem Kessel verbunden, während die anderen Wicklungen kurzgeschlossen oder niederohmig geerdet werden (s. Abb. 2.9).

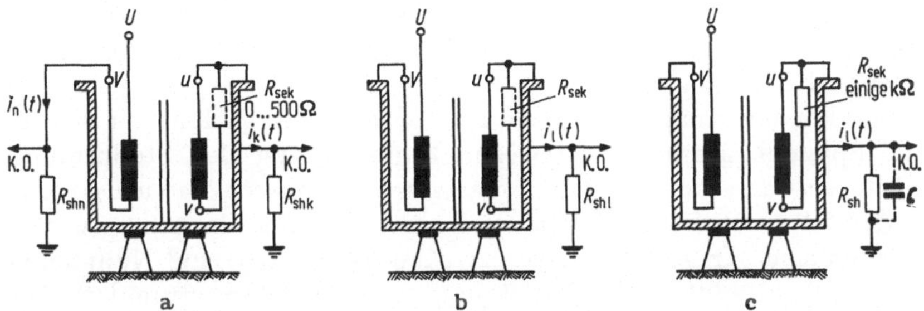

Abb. 2.9. Versuchsanordnungen bei der Stoßprüfung von (Einphasen-)transformatoren. a) getrennte Aufnahme von Kessel- und Nullpunktstrom, b) Aufnahme des Gesamtstromes, c) Aufnahme des Gesamtstromes bei der induktiven Methode. R_{sh} Meßshunt, R_{sek} Belastungswiderstand der Sekundärwicklung.

In Abb. 2.9a, b sind die verschiedenen Schaltungen für Transformatoren, die Wanderwellenverhalten aufweisen, und auf Abb. 2.9c für solche, die nach der induktiven Methode erprobt werden, gegeben.

Als Beispiel für die induktive Methode sind auf Abb. 2.10 die Oszillogramme des Gesamtwicklungsstromes $i_l(t)$ eines 450 kVA-, 20-kV-Transformators gezeigt. Die Sekundärwicklung ist jeweils über einen 7-kΩ-Widerstand mit dem Kessel verbunden. Dem Meßshunt ist eine integrierende Kapazität von 0,1 µF parallel geschaltet. Die Oszillogramme a) bis d) zeigen den Stromverlauf bei unbeschädigter Wicklung und bei Defekten am Anfang, in der Mitte und am Ende der Wicklung. Die Defekte sind gut erkennbar.

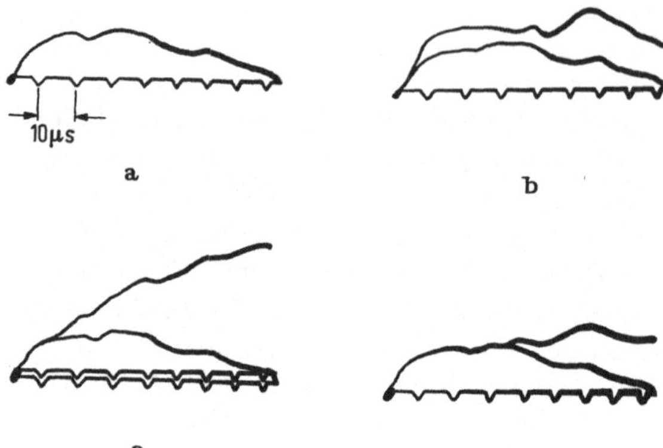

Abb. 2.10. Stoßprüfung eines 450-kVA, 20-kV-Verteilungstransformators nach der induktiven Methode. Gesamtwicklungsstrom bei: a) unbeschädigter Wicklung, b) Defekt am Wicklungsanfang, c) in der Mitte und d) am Ende der Wicklung.

Bei Transformatoren mit induktiv und galvanisch gekoppelten Regulierwicklungen werden oft Vorversuche bei stark reduzierter Stoßspannung von einigen 100 V mit dem sog. Repetitionsstoßgenerator durchgeführt (s. 2.4.). Durch Erzeugung von künstlichen Defekten können dann Stromstoßoszillogramme erhalten werden, die eine wertvolle Vergleichsbasis mit den bei Prüf-Stoßspannung erhaltenen Aufnahmen ergeben und Information über den Ort eines etwa erfolgten Defektes liefern können.

Wir kommen nun zu den Schaltungen für die Aufnahme der Strom- und Spannungsverläufe sowie zur Durchführung der Stoßprüfung selbst. Aus den auf Abb. 2.9 dargestellten Einphasen-Versuchsanordnungen ist ersichtlich, daß praktisch nur zwei Anordnungen zu unterscheiden sind: In Abb. 2.9a werden Kesselstrom $i_k(t)$ und Nullpunktstrom $i_n(t)$ getrennt, auf Abb. 2.9b und 2.9c der Gesamtstrom $i_1(t)$ über erdseitig angebrachte induktionsarme Meßshunts aufgenommen. Die Sekundärwicklung ist entweder kurzgeschlossen, und mit dem Kessel direkt oder über einen Widerstand R_{sek} verbunden. Bei Wicklungen mit Wanderwellenverhalten wird $R_{sek} \approx 0$ oder am zweckmäßigsten dem Wellenwiderstand einer Freileitung oder Kabels entsprechend zu 300 bis 500 Ω bzw. zu 50 Ω gewählt, um die normalen Betriebsverhältnisse möglichst getreu nachzubilden. Bei der induktiven Methode besteht der einzige Unterschied in der Größe des eingesetzten hochohmigen Widerstandes R_{sek}.

Der Transformatorenkessel ist isoliert gegen Erde aufzustellen. Den Meßshunts werden zweckmäßig Kapazitäten von einigen 10 bis 100 nF parallelgeschaltet, deren Aufgabe in der Verringerung der Einschwingvorgänge während der ersten 1 bis 2 µs des Stoßes besteht. Die Empfindlichkeit des Oszillographen kann dann ohne Übersteuerungsgefahr für den dem Einschwingvorgang folgenden und für die Fehlerdetektion wesentlichen Teil des Stoßstromes erhöht werden. Dadurch wird die Empfindlichkeit während der ersten μs vermindert; die USA-Normen sehen [17] folglich von einer Analyse der Stromstoßoszillogramme während dieser Zeit ab.

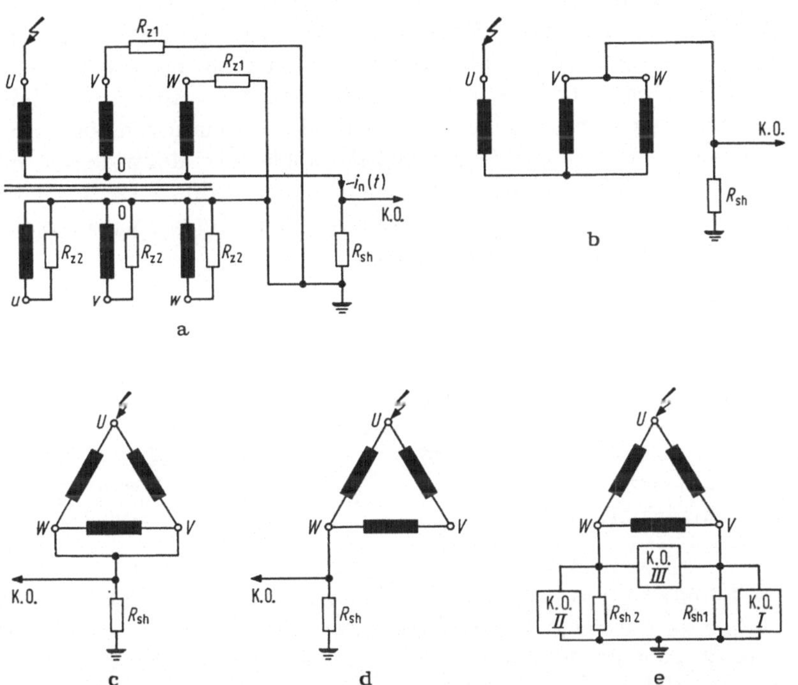

Abb. 2.11. Stoßprüfungsschaltungen für Dreiphasentransformatoren. a) Sternpunkt der gestoßenen Wicklung herausgeführt, b) nicht zugänglich, c) gleichzeitige Stoßprüfung von zwei Phasen einer Dreieckwicklung, d) gleichzeitige Stoßprüfung aller Phasen einer Dreieckwicklung, e) Differenzstromschaltung nach Beldi für Dreieckwicklungen; R_{z1}, R_{z2} Belastungswiderstände.

Abb. 2.11 zeigt die Grundschaltungen bei getrennter Aufnahme von $i_n(t)$ und $i_k(t)$ bei der Stoßprüfung von Dreiphasentransformatoren. Wird der Gesamtstrom $i_1(t)$ gemessen, so können unter Berücksichtigung von Abb. 2.9a und 2.9b leicht die entsprechenden Schaltungen abgeleitet werden. Nach Abb. 11a wird bei Sternschaltungen mit herausgeführtem Nullpunkt jeder Strang einzeln gestoßen. Die beiden anderen, nicht gestoßenen Phasen und die Sekundärwicklungen sind über entsprechende R_z geerdet. Ist der Nullpunkt nicht zugänglich oder betriebsmäßig über eine hohe Impedanz an Erde gelegt, so werden die Eingänge der beiden nicht gestoßenen Phasen verbunden und über den Meßshunt geerdet (Abb. 2.11b). Bei der Dreieckschaltung werden entweder jeweils zwei Phasen gleichzeitig gestoßen (Abb. 2.11c) oder es wird die geprüfte Wicklung mit den beiden anderen in Reihe geschalteten Phasen parallel gestoßen (Abb. 2.11d). Nach einer Schaltung von Beldi [19] ist es möglich, die beidseitigen Meßpotentiale in einer Differenzschaltung zu vergleichen (Abb. 2.11e). Bei erfolgtem Wicklungsdefekt tritt eine Abweichung der Nullinie von der störungsfreien Aufzeichnung auf.

Bei der Stoßprüfung von Meßwandlern sind die spezifischen Eigenschaften von Spannungs- und Stromwandlern zu berücksichtigen. Infolge der Länge und des hohen Widerstandes der primären Spannungswandlerwicklung ist eine im Kessel- oder Gesamtstrom kapazitiv übertragene oder eine auf die möglichst unbelastete Meßwicklung induktiv übertragene Defektanzeige vorzuziehen. Abb. 2.12 zeigt die Stoßspannung und den Gesamtstrom $i_1(t)$ eines Spannungswandlers bei kapazitiv übertragener Defektanzeige.

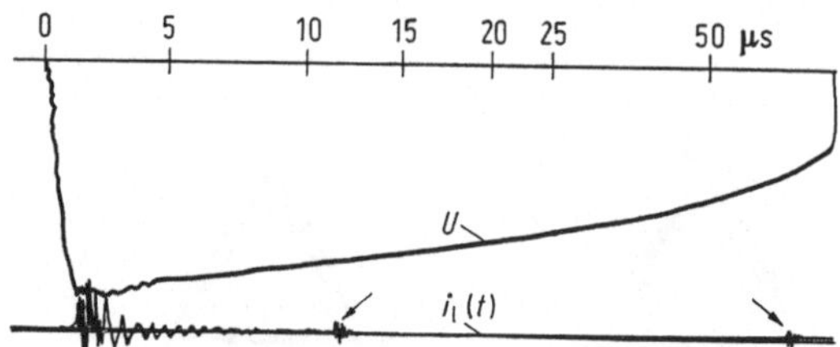

Abb. 2.12. Oszillogramme der Stoßprüfung eines Hochspannungs-Meßwandlers mit Defekt. Pfeile deuten auf kapazitiv übertragene Defektanzeigen im Gesamtwicklungsstrom $i_1(t)$.

Bei Stromwandlern ist die Länge der Hochspannungswicklung derart kurz, daß eine eigentliche Wicklungsprüfung nicht durchführbar ist. Die Stoßspannungsprüfung reduziert sich hier auf eine Prüfung der Hauptisolation zwischen den zusammengeschlossenen Eingängen

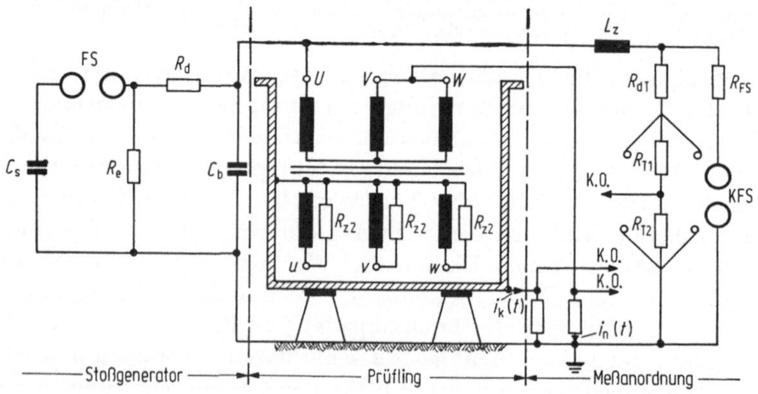

Abb. 2.13. Kompletter Versuchsaufbau zur Stoßprüfung eines Dreiphasentransformators. C_s, FS, R_d, R_e, C_b Stoßkreiselemente, R_{z1}, R_{z2} wie in Abb. 2.11, L_z Zuleitungsinduktivität, R_{dT} Dämpfungswiderstand der Meßanordnung, R_{T1}, R_{T2} Spannungsteilerwiderstände, R_{FS} Dämpfungswiderstand der FS.

der Hochspannungswicklung und der mit dem Eisenkern verbundenen Niederspannungswicklung(en).

Abb. 2.13 zeigt nun den kompletten Versuchsaufbau zur Normstoßprüfung eines Dreiphasentransformators. Zur Aufnahme und Messung der Stoßspannung soll vorzugsweise eine entsprechend geeichte Meßanordnung mit Spannungsteiler verwendet werden (s. 1.7.2 und 1.7.3). Bei konservativerem Vorgehen wird man noch zusätzlich die Kugel-FS verwenden. Aus meßtechnischen Gründen ist die Reihenfolge: Stoßgenerator, Transformator, Meßanordnung mit Teiler einzuhalten.

Bei Spannungseichung mit der Kugel-FS wird zuerst bei etwa 50 bis 60% der Nenn-Prüfspannung U_p die durch das Zuschalten des Prüflings hervorgerufene prozentuale Spannungsabsenkung p bestimmt, und die Schlagweite der FS für die Spannung $U'_\mathrm{p} = \left(1 + \dfrac{p}{100}\right) U_\mathrm{p}$

eingestellt. Die Eichung wird im Leerlauf durchgeführt und dann der Prüfling zugeschaltet. Vergleichs- oder Referenzstöße bei reduzierter Spannung sollen vor und nach den Prüfstößen aufgenommen werden.

Eleganter und genauer wird bei Verwendung einer geeichten Meßanordnung die Höhe der Stoßspannung aus der Übertragung des Spannungsteilers und der Empfindlichkeit des Oszillographen ermittelt (s. 1.7.2 und 1.7.3.) Vor Beginn der Stoßprüfung empfiehlt es sich, Meß- und Abschirmungskreise auf etwaige mangelhafte Übergangswiderstände, Funkenbildung in Erdungskreisen u. ä. zu überprüfen, indem am zweckmäßigsten der Niederspannungsabgriff des Teilers und die Shunts induktionsarm kurzgeschlossen werden. Am Oszillographen sollte dann bei Stoßbeanspruchung des Prüflings die störungsfreie Nullinie erhalten werden.

Weitere, nicht durch Wicklungsdefekte hervorgerufene, Störanzeigen können sich im Laufe der Stoßprüfung durch Funkenbildung zwischen Eisenblechen, in Lufteinschlüssen an Stellen hoher Feldstärke usw. in den Oszillogrammen ausprägen. Mit einiger Erfahrung können derartige, für die Güte des Transformators zumeist harmlose Erscheinungen in den Oszillogrammen als solche erkannt werden: Einmal, da sie bereits bei niedrigen Stoßspannungen erscheinen, wobei nor-

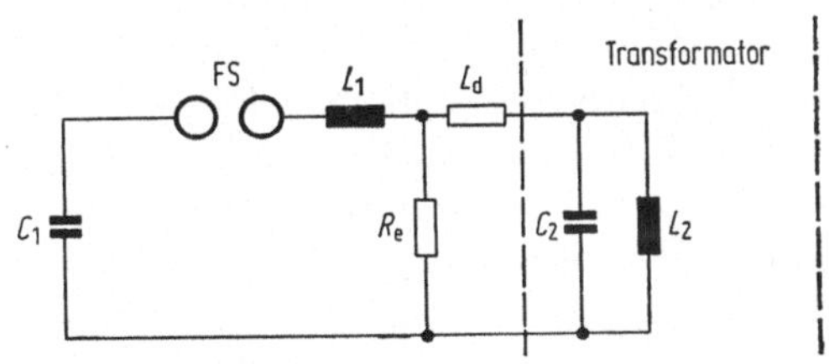

Abb. 2.14. Vereinfachtes Schema zur Ermittlung des Einflusses der Transformatorenwicklung auf die Front- und Halbwertsdauer der Stoßspannung. C_1 Stoßkapazität, L_1 Induktivität des Stoßgenerators und der Zuleitung zum Transformator, R_d Dämpfungswiderstand, R_e Entladewiderstand, C_2 Eingangskapazität der gestoßenen Wicklung und Belastungskapazität des Stoßgenerators, L_2 resultierende Induktivität der Transformatorenwicklung zumeist gleich ihrer Kurzschlußinduktivität.

malerweise ein Wicklungsdefekt unwahrscheinlich ist, ferner am unge-
störten Verlauf der Ströme mit den rein überlagerten, nicht durch ver-
änderte Wicklungsparameter entstandenen Hochfrequenzschwingun-
gen.

*Die Höhen der Prüf-Stoßspannungen sind in der IEC-Publikation 71
angegeben.*

Das Einhalten der Normstoß-Frontdauer und Rückenhalbwerts-
toleranzen ist bei der Prüfung bestimmter Transformatorentypen mit
einigen Problemen verbunden. Abb. 2.14 zeigt ein einfaches Ersatzschema der Stoßprüfung eines Transformators, der durch seine resultierende Eingangskapazität C_2 und die resultierende Induktivität L_2
dargestellt ist. Die minimale Frontdauer ist durch die Streuinduktivität L_1 des Stoßgenerators, der Zuleitung zum Transformator und
durch C_2 gegeben [20]:

$$T_f = 4{,}2 \sqrt{L_1 \, C_2} \,. \tag{6}$$

Die maximale Rückenhalbwertsdauer T_h ist annähernd durch

$$T_h = \sqrt{C_1 \, L_2} \tag{7}$$

gegeben, mit der Kapazität C_1 des Stoßgenerators. Aus Gl. (6) und
(7) geht hervor, daß für einen Stoßgenerator mit gegebener Streuinduktivität und großer Eingangskapazität des Prüflings die normierte Frontdauer überschritten wird. Umgekehrt wird die normierte
Rückenhalbwertsdauer von 50 µs bei Transformatoren mit geringer
Induktivität L_2 (kurze Wicklungen) schwer einzuhalten sein. Die
USA-Normen [17] erlauben in derartigen Fällen eine „Verlängerung"
der gestoßenen Wicklung am erdseitigen Ende durch Widerstände
von 50 bis 500 Ω.

Auch bei der Prüfung von Transformatoren mit im Rücken abgeschnittenen Stößen hat sich die Überwachung des Kessel- und Wick-
lungsstromes zwecks Ermittlung etwaiger Defekte bestens bewährt
[21]. Um einen Vergleich zwischen den bei reduzierter und bei Nenn-
Prüfstoßspannung erhaltenen Oszillogrammen zu ermöglichen, soll die
normierte Abschneidezeit von 3 µs von Stoß zu Stoß mit einer Tole-
ranz von etwa $\pm 0{,}1$ µs eingehalten werden. Wie bereits in Kap. 1 erläutert, können durch Anwendung entsprechender Abschneideanord-
nungen diese Toleranzen eingehalten werden. Die Verwendung von
Stab-*FS* als Abschneidevorrichtung ist in [21] beschrieben.

Abb. 2.15a und 2.15b zeigen Oszillogramme der Spannung und des
Wicklungs- oder Nullpunktstromes $i_n(t)$ eines mit im Rücken abgeschnittenen Stößen erprobten 220-kV-Transformators mit Spulenwicklung. Während die in Abb. 2.15a gezeigten Oszillogramme bei
98% der Prüfspannung noch den gleichen Verlauf wie die (hier nicht

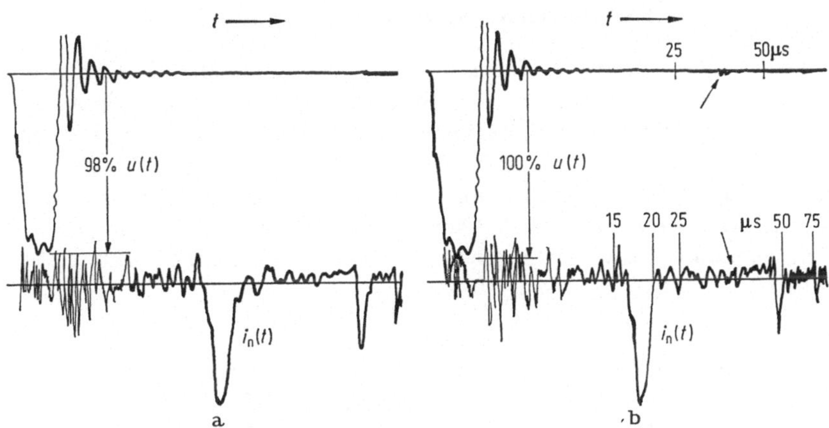

Abb. 2.15. Prüfung eines 220-kV-Transformators (Spulenwicklung) mit im Rücken abgeschnittenen Stößen. a) Spannung und Nullpunktsstrom bei 98% der Nenn-Prüfspannung, keine Defektanzeige, b) Defektanzeigen im Nullpunkt-Strom- und Spannungsoszillogrammen.

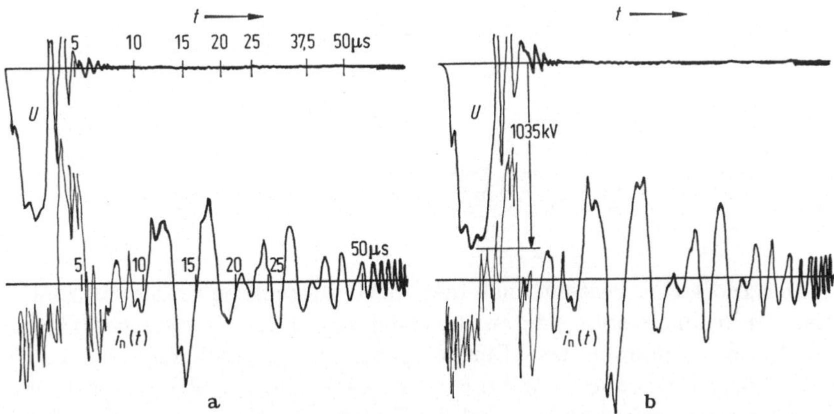

Abb. 2.16. Prüfung eines 220-kV-Transformators (Lagenwicklung) mit im Rücken abgeschnittenen Stößen bis zu 1035 kV. Gleichheit der Nullpunktströme bei Referenzstoß a) und 1035-kV-Prüfstoß b) als Beweis für erfolgreich bestandene Prüfung.

gezeigten) Referenzstöße aufweisen, ist bei 100% der Prüfspannung ein Defekt erfolgt, der am veränderten Nullpunktstromverlauf nach 20 µs und nach 30 µs in der Spannung erkennbar ist. Abb. 2.16a und 2.16b zeigen Referenz- und Prüfstoß der Spannung und des Nullpunktstromes eines weiteren 220-kV-Transformators mit Lagenwicklung, der mit nach 3 µs abgeschnittenen Stößen von 1035 kV geprüft wurde. Die erfolgreich bestandene Prüfung ist durch den gleichen Verlauf der beiden Stromstoßoszillogramme bestätigt.

2.3. Der elektroakustische Indikator

Der elektroakustische Indikator kann als zusätzliches Kontroll- und Überwachungsgerät bei der Stoßprüfung von Transformatoren gebraucht werden. Das Funktionsprinzip des Indikators beruht auf der wenn auch nur schwachen Funkenbildung bei einem Wicklungs-durchschlag während der Stoßprüfung. Der Funken ruft im flüssigen Dielektrikum eine Druckwelle hervor die entsprechend wahrgenommen, verstärkt und wiedergegeben werden kann [22, 23] (s. Abb. 2.17).

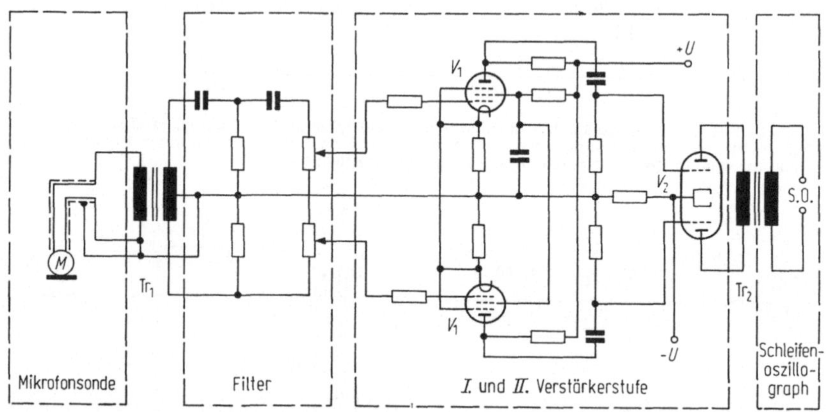

Abb. 2.17. Schaltbild des elektroakustischen Indikators. M abgeschirmte Mikrophonsonde, Tr_1, Tr_2 Transformatoren, V_1, V_2 Röhren der I und II Verstärkerstufe, S. O. Schleifenoszillograph.

Der Indikator besteht aus einer in Öl getauchten elektromagneti-schen Mikrophonsonde, deren Ausgang mit einem Verstärkersystem und Filter verbunden ist. Der Ausgang des Verstärkers wird einem Schleifenoszillographen zugeführt. Um die Sonde von elektrostatischer Beeinflussung freizuhalten, wird der Indikator von einer eigenen Bat-terie gespeist.

Die Mikrophonsonde ist zusätzlich gegen parasitäre Magnetfelder geschirmt. Auch der kapazitive Einfluß auf die Sonde ist infolge ihrer niederohmigen Ausgangsimpedanz gering. Die Druckwelle wird oszillo-graphiert, indem eine Lichtquelle die auf einer Trommel gewickelte, mit einer Geschwindigkeit von etwa 0,5 m/s sich bewegende Filmrolle trifft. Die Empfindlichkeit des Indikators ist so zu wählen, daß Stör-einflüsse außerhalb des Transformators praktisch nicht angezeigt wer-den: Bei leichtem Klopfen an den Kessel und beim Ansprechen einer am Prüfling angebrachten Abschneide-FS soll die Nullinie des Indi-kators unbeeinflußt bleiben.

2.4. Der Niederspannungs-Repetitionsstoßgenerator

Der Repetitions-Stoßgenerator besteht aus einem Niederspannungs-Stoßgenerator, einer Meßanordnung mit Oszillographen und der erforderlichen Elektronik für Steuerung und Synchronisierung, zumeist mit der Netzspannung. Der Stoßgenerator erzeugt periodisch folgende (oder auch einzelne) Stoßspannungen von einigen 100 V, die dem Prüfling — einer Transformatorenwicklung — zugeführt wird und die Spannungen bzw. Ströme in verschiedenen Punkten der Wicklung aufgenommen werden. Die Repetitionsfrequenz des Stoßes muß derart gewählt werden, daß für das Auge ein ruhendes Bild vorgetäuscht wird. Hierzu ist eine Mindestfrequenz von 16 Hz erforderlich [24].

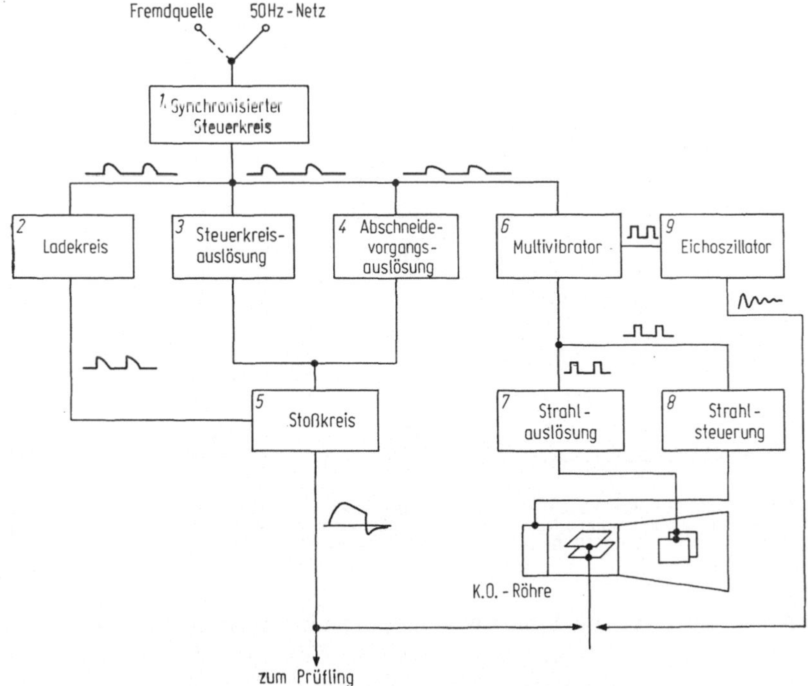

Abb. 2.18. Blockdiagramm eines Niederspannungs-Repetitionsstoßgenerators.

Abb. 2.18 zeigt das Blockschema eines derartigen Generators: Der Steuerkreis oder Impulsgeber erzeugt den mit dem Netz synchronisierbaren Hauptimpuls. Mittels eines Phasenschiebers kann dieser Impuls in einem beliebigen Zeitpunkt der Netzspannung erzeugt werden und somit eine Überlagerung von Stoß- und Wechselspannung erreicht werden. Der Hauptimpuls steuert die Aufladung der Stoßkapazität, die Zündung des Thyratrons für die Einleitung der Entladung der

Stoßkapazität über einen *RC-* oder *LR*-Kreis. Hierdurch wird die
Form der eingestellten Stoßwelle erzeugt. Auch das den Abschneidevorgang einleitende Thyratron wird mit entsprechendem Verzug vom
Hauptimpuls gesteuert. Ein vom Hauptimpuls gesteuerter bistabiler
Multivibrator erzeugt Rechteckimpulse zur Steuerung der Zeitablaufgeschwindigkeit, zur Strahlsteuerung und zur Bereitstellung der Eichfrequenz.

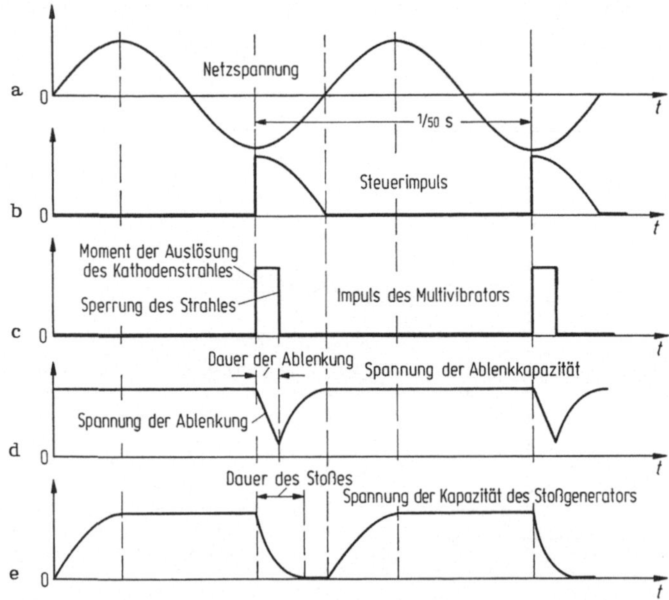

Abb. 2.19. Funktionsfolge der einzelnen Schaltungen eines Repetitions-Stoßgenerators. a) Netz-
(oder Fremd-)spannung, b) Steuerimpuls, c) Impuls des Multivibrators, d) Spannung an der Kapazität für die Zeitablenkung des Oszillographen, e) Spannung an der Stoßkapazität.

Abb. 2.19 zeigt die Funktionsfolge der einzelnen Schaltungen. Der
Repetitionsstoßgenerator kann auch für Untersuchungen von Edelgassicherungen, Messungen von Wellenreflexionen in Netzwerken,
Eigenfrequenzbestimmungen von elektrischen Kreisen u. ä. verwendet
werden.

Der erhebliche Vorteil des Gerätes bei der Untersuchung von Transformatoren ist naheliegend: Die Spannungsverteilung in jedem Punkt
der Wicklung kann vorbestimmt werden und Beschädigungen durch
nicht vorgesehene, zu hohe Beanspruchungen bei der Stoßprüfung
können durch Abänderung der Wicklung oder Verstärkung der Isolation rechtzeitig vermieden werden.

Literatur zu Kap. 2

1. F. J. Vogel, V. M. Montsinger: Progress Report on Impulse Testing of Commerical Transformers. Trans. AIEE 52 (1933) 409—410.
2. J. H. Hagenguth: Progress in Impulse Testing of Transformers. Trans. AIEE 63 (1944) 995—1005.
3. P. A. Abetti: Bibliography on the Surge Performance of Transformers and Rotating Machines. T. Trans. AIEE 77 (1957) 1150—1164. (Ergänzungen alle 2 Jahre).
4. K. W. Wagner: Das Eindringen einer elektromagnetischen Welle in eine Spule mit Windungskapazität. E. u. M. 33 (1915) 89—92, 105—108.
5. K. W. Wagner: Beanspruchungen in Spulen und ihre Schutzwirkung bei raschen Transientvorgängen. ETZ 37 (1916).
6. L. F. Blume, A. Bojajian: Abnormal Voltages within Transformers. Trans. AIEE 38, Teil I (1919) 577.
7. K. K. Paluev, J. H. Hagenguth: The Effect of Transient Voltages on Power Transformers. Parts I···IV. Trans. AIEE 48 (1929), 49 (1930), 50 (1931), 51 (1932).
8. L. V. Blewey: Transient Oscillations in Distributed Circuits with Special Reference to Transformer Windings. Trans. AIEE 50 (1931) 1215—1233.
9. L. V. Blewey: Transient Oscillations in Coupled Windings. Trans. AIEE 51 (1932) 299—308, 321—328.
10. B. Heller, J. Hlavka, A. Veverka: Surge Phenomena in Transformers. Elektr. Obzor 37 (1948) 99—115, 38 (1949) 594—606.
11. P. A. Abetti: Transformer Models for the Determination of Transient Voltages. Trans. AIEE 72 (1953) 468—480.
12. T. Hurter, G. Ecklin: Das elektromagnetische Modell von Transformatoren. BBC-Mitt. 45 (1958) 410—419.
13. B. Gänger: Stoßprüfung von Transformatoren. ETZ-A 76 (1955) 177—186.
14. R. Rüdenberg: Surge Characteristics of Two-winding Transformers. Trans. AIEE 60 (1941) 1136—1144.
15. M. Christoffel: Der Einfluß des Eisens und der Sekundärwicklungen auf den Strom- und Spannungsverlauf bei Stoßvorgängen in Transformatorenwicklungen. BBC-Mitt. 45 (1958) 254—262.
16. R. Elsner: Détection des défauts d'isolement au cours des essais de choc de transformateurs. Rapp. CIGRE Nr. 101, 1954.
17. American Standards for Transformers Regulators and Reactors. ASA-Publ. C-57.11—1964.
18. H. C. Steward, J. E. Holcomb: Impulse Failure Detection Methods as Applied to Distribution Transformers. Trans. AIEE 64 (1945) 640—644.
19. F. Beldi: Essais au choc des transformateurs. Procédés de mesure et couplages. Rapp. CIGRE 1952 Nr. 112.
20. A. Pedersen: Impulse Testing of Power Transformers. El. Rev. Nr. 25, Nov. 1960, 901—903.
21. B. Gänger: Die Prüfung von Transformatoren mit abgeschnittenen Stößen. BBC-Mitt. 45 (1958) 29—44.
22. F. Beldi: Stoßprüfung von Transformatoren. BBC-Mitt. 37 (1950) 179—193.
23. B. Gänger: Der elektroakustische Indikator. BBC-Mitt. 44 (1957) 336—342.
24. T. Hurter: Funktionsweise und Anwendung des Repetitionsstoßoszillographen. Scientia Electrica 1957, 26—31.

3. Die Prüf- und Meßtechnik hoher Schaltüberspannungen

3.1. Einleitung

In diesem Kapitel wird die Prüf- und Meßtechnik von Spannungen, die sich im Zeitbereich an die Stoßspannungen anschließen und als Schaltüberspannungen bekannt sind, besprochen. Versucht man die Schaltüberspannungen nach Form und Dauer zu analysieren um sie im Prüffeld entsprechend nachzubilden, so ergibt sich etwa folgende Einteilung [1, 2]:

a) Schaltüberspannungen mit steiler Front die beim Schließen und Rückzünden von Hochspannungsschaltern entstehen.

b) Stark gedämpft schwingende Spannungsstöße mit einer Halbwertsdauer von 1000 bis 2000 µs, die durch das Abschalten leerlaufender Transformatoren hervorgerufen werden und

c) Schwach gedämpfte Überspannungen im Bereich von einigen 100 µs bis mehreren 1000 µs, die insbesondere beim Schalten von leerlaufenden oder schwach belasteten Höchstspannungs-Übertragungssystemen entstehen.

Obwohl die ersten Versuche zwecks Ermittlung der dielektrischen Festigkeit von Isolatoren und Funkenstrecken bei Schaltüberspannungen ähnlichen Prüfspannungen weit zurückliegen [3], gehen die systematischen und konzentrierten Untersuchungen und Messungen von Schaltüberspannungen sowie deren Nachbildung im Prüffeld auf etwa das Jahr 1955 zurück: Mit der Entwicklung von sehr hohen Übertragungssystemen von 420 kV, 500 kV und 750 kV Nennspannung ist nämlich festgestellt worden, daß die Außenisolation derartiger Systeme nicht mehr nach den atmosphärischen Überspannungen, den Stoßspannungen oder nach den stationären betriebsfrequenten Überspannungen, sondern nach der Höhe der auftretenden Schaltüberspannungen zu bemessen ist [4 bis 12].

Die höchsten Schaltüberspannungen ergeben sich wohl bei raschem Wiedereinschalten einer zuvor auf entgegengesetztes Potential geladenen Hochspannungsleitung; der Überspannungsfaktor

$$k = \frac{\text{Schaltspannungs-Scheitelwert}}{\text{Phasenspannungs-Scheitelwert}}$$

kann dann Werte bis $k = 4$ erreichen.

Die dielektrische Festigkeit verschiedener Funkenstrecken- und Isolatorenanordnungen sowie die Innenfestigkeit der Transformatorenisolation ist durch Einwirkung verschiedener Schaltüberspannungsstöße ermittelt worden. Die Versuche wurden zumeist mit einem dem Normstoß 1,2/50 ähnlichen Schaltspannungsstoß von 50 μs bis einigen 100 μs Frontdauer und einigen 1000·μs Halbwertsdauer durchgeführt und mit den Ergebnissen bei Normstoß 1,2/50 und 50 Hz verglichen [6 bis 12]. Als Beispiel seien die vom CIGRE Komitee für die Koordination der Isolation angeregten Vergleichsversuche mit Normstoß 1,2/50, Schaltspannungsstößen 50 μs/5000 μs und 500 μs/5000 μs sowie mit 50 Hz (60 Hz) angeführt [13].

Die Versuche haben im Wesentlichen ergeben daß

a) die Schaltspannungsfestigkeit der Innenisolation von Transformatoren, Meßwandelern, Drosselspulen u. ä. bis zu den höchsten Prüfspannungs-Scheitelwerten von über 1000 kV befriedigend ist und der Stoßspannungsfestigkeit entweder gleich oder nur wenig geringer als diese ist,

b) die Verhältnisse bei Luftfunkenstrecken, insbesondere bei großen Schlagweiten, wesentlich verschieden sind. Die Versuche haben eine Abhängigkeit der Überschlagspannung, insbesondere bei Stab-Platten-Anordnungen, von der Frontdauer der Schaltspannung ergeben. Ein ausgeprägtes Minimum ergibt sich für positive Spannungen mit Frontdauern von 100 ± 50 μs. Bei größeren Schlagweiten von mehreren Metern ist die Schaltspannungsfestigkeit sogar geringer als bei 50 Hz und somit ausschlaggebend für die Bemessung und Koordination der Isolation von Höchstspannungs-Übertragungsleitungen über 400 kV Nennspannung.

3.2. Die Prüf- und Meßtechnik hoher Schaltüberspannungen

Folgende Verfahren können zur Herstellung von hohen Schaltüberspannungen angewandt werden:

a) Die (Niederspannungs-)Wicklung eines Transformators wird mit Gleichstrom erregt und dieser durch einen Schalter momentan unterbrochen. An der Hochspannungsseite wird dann der Schaltspannungsstoß erhalten.

b) Eine auf Gleichspannung geladene Stoßkapazität wird über entsprechende Widerstände und Kapazitäten in die (Niederspannungs-)Wicklung eines Transformators entladen. Durch Auswahl bzw. Anpassung der elektrischen Parameter des Schaltspannungs-Stoßkreises an den Transformator kann, wie später gezeigt wird, die gewünschte Schaltspannungs-Frontdauer und Rückenhalbwertsdauer vorbestimmt werden.

c) Ein Prüftransformator wird mit einer 50- bis 500-Hz-Halbwelle, die mittels einer elektronischen Anordnung aus der netz- oder mittelfrequenten Spannung herausgeschnitten wird, erregt und der Transformator entweder einer induzierten oder Eigen-Schaltspannungsprüfung unterzogen, oder die auf der Hochspannungsseite erhaltene Halbwelle für die Prüfung von anderen Objekten verwendet.

Die Schaltüberspannungsprüfung gleicht somit einer Eigenspannungsprüfung im Falle einer Längs- oder Wicklungsisolationsbeanspruchung von Transformatoren, Wandlern und Drosselspulen; in fast allen übrigen Fällen kann der Prüfling zu einer Kapazität (auch bei der Hauptisolationsprüfung eines Transformators) angenommen werden.

Die einzelnen Schaltungen zur Erzeugung von Schaltüberspannungen sollen nun näher untersucht werden und anschließend die entsprechende Prüf- und Meßtechnik erörtert werden.

Die unter a) beschriebene Magnetisierungsstrom-Unterbrechungsmethode ergibt eine Hochspannungs-Schaltwelle, deren Scheitelwert von der Strom-Abschaltgeschwindigkeit dem Eisenkern und seinen Verlusten, der Magnetisierungskurve und von der effektiven Wicklungskapazität des Transformators abhängen.

Bei diesem Verfahren wird die in Eisenkern gespeicherte magnetische Energie in eine in den Wicklungskapazitäten konzentrierte elektrische umgewandelt. Die gespeicherte magnetische Energie hängt vom abgeschalteten Magnetisierungsstrom ab und kann Abb. 3.1 entsprechend infolge der Magnetisierungskennlinie der Transformatorenbleche selbst bei hohen Sättigungsströmen nur wenig erhöht werden. Infolge dieser Begrenzung werden die beiden anderen Verfahren allgemein vorgezogen.

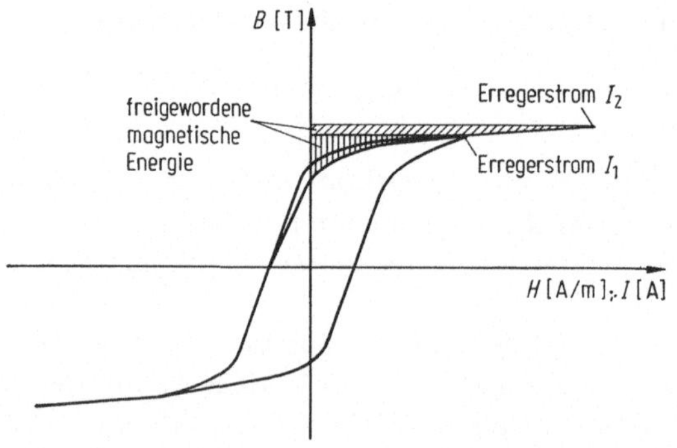

Abb. 3.1. Gespeicherte magnetische Energie im Prüftransformator. B magnetische Induktion, H Feldstärke, I Erregerstrom.

Bei dem unter b) angeführten Verfahren wird die Schaltüberspannung durch Entladung eines Stoßgenerators in die zumeist Niederspannungswicklung eines Transformators erzeugt. Abb. 3.2 zeigt das entsprechende Schaltbild mit den Oszillogrammen der Schaltspannung auf Nieder- bzw. Hochspannungsseite des Transformators. C_s ist die Stoßkapazität, L_s die Gesamt-Streuinduktivität, L_m die nichtlineare

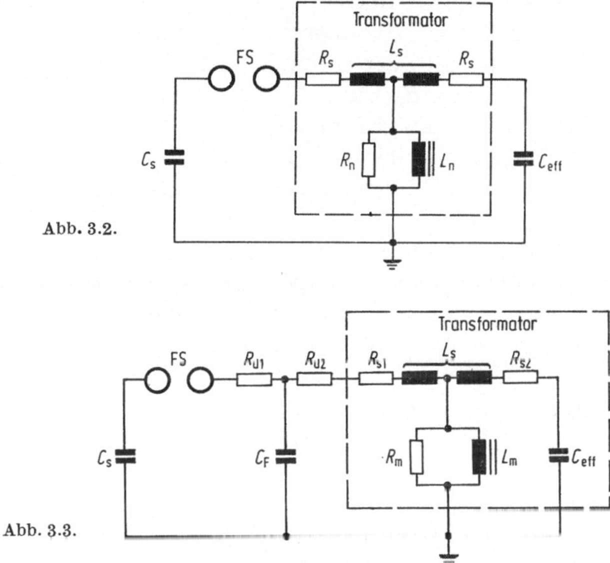

Abb. 3.2.

Abb. 3.3.

Abb. 3.2. u. 3.3. Erzeugung von Schaltüberspannungen durch eine C-Entladung über eine Transformatorenwicklung. C_s Stoßkapazität, L_s Streuinduktivität, L_m Magnetisierungsinduktivität, R_s, R_m, Wicklungs- und Eisenverlustwiderstände, C_{eff} gesamte wirksame Kapazität des Transformators, C_p Frontkapazität, R_{d1}, R_{d2} Dämpfungswiderstände.

Haupt- oder Magnetisierungsinduktivität, R_s entspricht den Wicklungs- und R_m die Eisenverlusten des Transformators, C_{eff} ist die gesamte, entsprechend reduziert wirksame Kapazität des Transformators und eventuell anderer parallelgeschalteter Kapazitäten. Der übertragenen Hochspannungs-Schaltwelle ist eine parasitäre Schwingung höherer

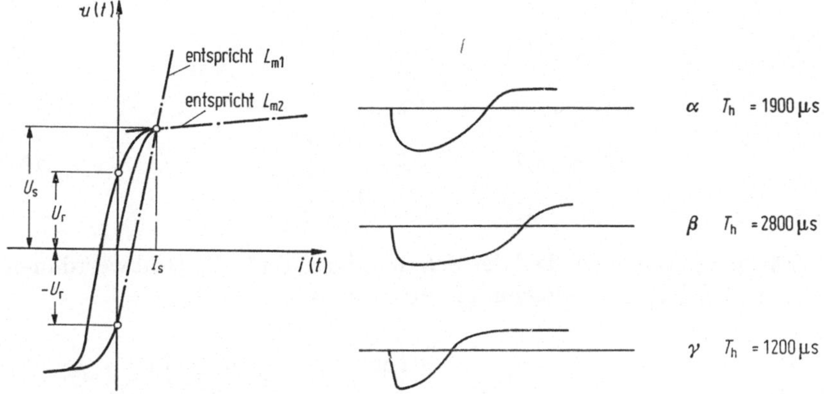

Abb. 3.4. Darstellung der Magnetisierungsinduktivität. I_s Sättigungsstrom, U_s Sättigungsspannung, U_T dem remanenten Feld entsprechende Spannung.

Frequenz, die durch die Streuinduktivität L_s und die Reihenschaltung von C_eff und C_s gegeben ist, überlagert. Abb. 3.3 zeigt nun eine etwas verfeinerte Schaltung mit der Frontkapazität C_F und den beiden Dämpfungswiderständen R_d1 und R_d2, wodurch die überlagernte Schwingung praktisch völlig gedämpft wird.

Unter Vernachlässigung der Streuinduktivität L_s wird nun das in Abb. 3.5 gezeigte, auf die Hochspannungsseite bezogene Ersatzschema erhalten.

Nach Abb. 3.4 kann die Magnetisierungsinduktivität L_m aus den beiden Geraden der Magnetisierungskennlinie ermittelt werden. Mit dem Sättigungsstrom I_s, der Sättigungsspannung U_s, der dem remanenten Feld entsprechenden Spannung

$$U_\mathrm{r} = \frac{B_\mathrm{r}}{B_\mathrm{nom}} \cdot U_\mathrm{nom} \tag{1}$$

ist die Induktivität L_m1 vor der Sättigung durch

$$L_\mathrm{m1} = \frac{U_\mathrm{s} \pm U_\mathrm{r}}{\omega \cdot I_\mathrm{s}} \tag{2}$$

gegeben, wobei das Vorzeichen von der Polarität des remanenten Magnetfeldes abhängt.

Da die Sättigungsinduktivität $L_\mathrm{m2} \ll L_\mathrm{m1}$, wird beim Erreichen des Schnittpunktes (A) der Schaltspannungsstoß einen steilen Abfall erfahren.

Abb. 3.4a zeigt drei Schaltspannungsstöße eines Transformators bei $\alpha)$ fehlendem, $\beta)$ dem Hauptfeld entgegengesetztem und $\gamma)$ dem Hauptfeld gleich gerichteten remanentenen Magnetfeld.

Für die Frontspannung U_f und die Frontdauer T_f der Schaltwelle erhält man bei einer Ladespannung U_0:

$$U_\mathrm{f} = U_0 \cdot \frac{1}{1 + \dfrac{C_\mathrm{eff}}{C_\mathrm{s}}} (1 - \mathrm{e}^{-\alpha_1 t}) , \tag{3}$$

$$T_\mathrm{f} = 2{,}7 \cdot \frac{1}{\alpha_1} = 2{,}7 \cdot \frac{R_\mathrm{d} \cdot C_\mathrm{eff}}{1 + \dfrac{C_\mathrm{eff}}{C_\mathrm{s}}} . \tag{4}$$

Für den abfallenden Teil der Schaltwelle und für die Halbwertdauer ergeben sich folgende Gleichungen (s. Abb. 3.5):

$$U_\mathrm{h} = U_0 \cdot \frac{1}{1 + \dfrac{C_\mathrm{eff}}{C_\mathrm{s}}} \mathrm{e}^{-\alpha_2 t} \left(\cos \beta\, t - \frac{\alpha_2}{\beta} \sin \beta\, t \right) , \tag{5}$$

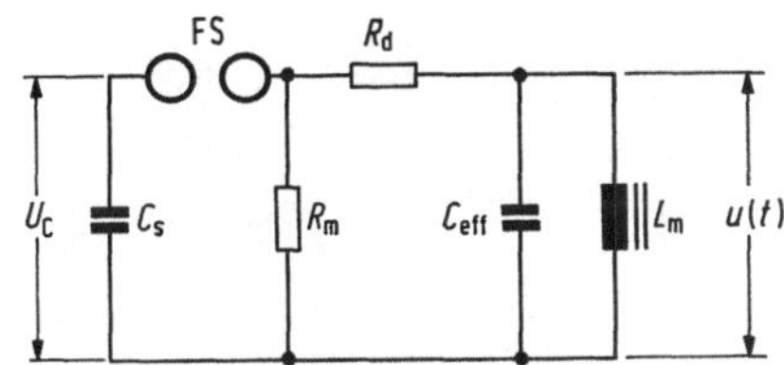

Abb. 3.5. Vereinfachtes Ersatzschema (Bezeichnungen wie für
Abb. 3.3).

$$\alpha_2 = \frac{R_\mathrm{d}}{2\,L_\mathrm{m}} + \frac{1}{2\,R_\mathrm{m}\,C_\mathrm{s}}\,, \tag{6}$$

$$\beta = \sqrt{\frac{1}{L_\mathrm{m}\,C_\mathrm{s}} - \alpha_2^2}\,. \tag{7}$$

Die Halbwertdauer ist durch

$$T_\mathrm{h} = \tau_0 + \frac{1}{\alpha_1} \tag{8}$$

gegeben, wobei nach τ_s der Strom $I = I_\mathrm{s}$ wird. Aus dieser Bedingung
ergibt sich T_h zu

$$T_\mathrm{h} \approx \frac{U_0 \pm U_\mathrm{r}}{\omega \cdot U_0} \cdot \frac{1 + \dfrac{C_\mathrm{eff}}{C_\mathrm{s}}}{1 - \alpha_2\,\tau_\mathrm{s}} + \frac{1}{\alpha_1}\,. \tag{9}$$

Für $U_\mathrm{r} \approx 0{,}6\,U_\mathrm{s}$, und $U_0 \approx 3 \cdot U_\mathrm{s} \cdots 5 \cdot U_\mathrm{s}$, $\omega = 314\,\mathrm{s}^{-1}$ erhält man
Halbwertdauern von 1000 bis 1600 µs, unter Voraussetzung eines rema-
nenten Magnetfeldes entgegengesetzter Polarität.

Abb. 3.6 zeigt den berechneten und tatsächlichen Verlauf einer
Schaltüberspannung, die durch die Entladung einer 440-nF-Kapazität

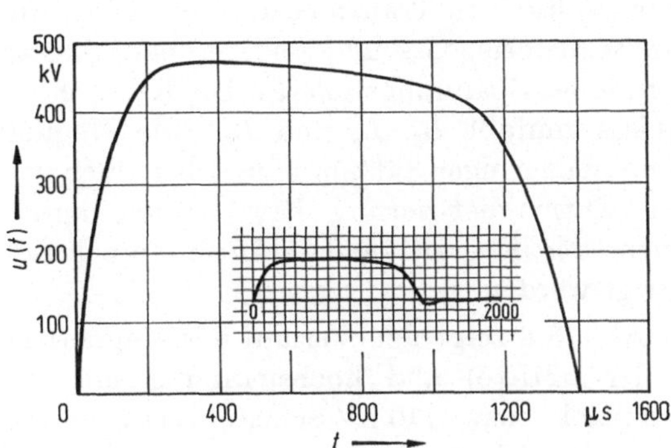

Abb. 3.6. Oszillogramm
einer 450-kV-Schaltüber-
spannung.

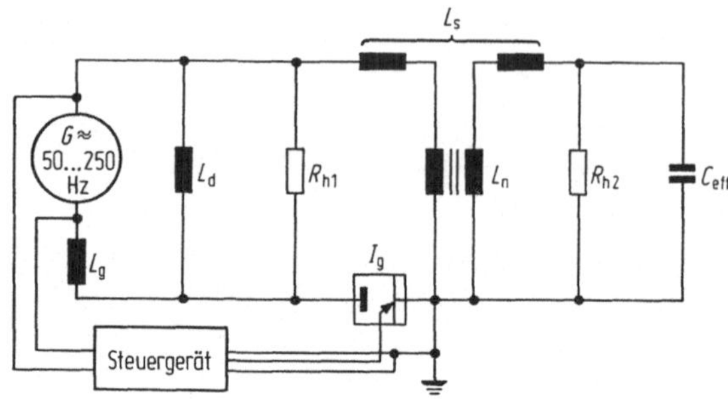

Abb. 3.7. Erzeugung von Schaltüberspannungen durch Herausschneiden von Spannungshalbwellen mittels Ignitrons. $G_\approx$ 50- bis 250-Hz-Generator, L_g seine Streuinduktivität, L_d Induktivität der Drosselspule, R_{h1}, R_{h2} parallel geschaltete Dämpfungswiderstände, I_g Ignitron, sonst wie Abb. 3.3.

über $R_d = 10\,\text{k}\Omega$, $R_1 = 90\,\text{k}\Omega$ und $C_{\text{eff}} = 6{,}4\,\text{nF}$ erhalten wurde. Die Ladespannung betrug $490\,\text{kV}$, die Magnetisierungsinduktivitäten und der Sättigungsstrom des Transformators $L_{m1} = 80\,\text{H}$, $L_{m2} = 0{,}21\,\text{H}$, bzw. $I_s = 6{,}2\,\text{A}$.

Der berechnete Verlauf stimmt gut mit den Spannungsoszillogramm überein. Die Halbwertdauer betrug in beiden Fällen $\approx 1200\,\mu\text{s}$.

Die unter c) angegebene Methode der Erzeugung von hohen Schaltüberspannungen durch Erregung der Niederspannungswicklung mit einer 50- bis 500-Hz-Halbwelle die mittels entsprechend gesteuerten Ignitrons aus einer netzfrequenten bzw. mittelfrequenten Wechselspannung herausgeschnitten wird, ist von A. Ašner [14] angewandt worden.

Abb. 3.7 zeigt das entsprechende Schaltschema: Ein 50- bis 500-Hz-Generator $G_\approx$ ist über das Ignitron Ig an die Niederspannungswicklung des Prüftransformators Tr geschaltet. Die Drosselspule L_d ist dem Generator bzw. seiner Streuinduktivität L_g parallelgeschaltet um die beim Zünden des Ignitrons eintretende Spannungsabsenkung möglichst gering zu halten. R_{h1} und R_{h2} sind die nieder- und hochspannungsseitig parallel angebrachten Dämpfungswiderstände, L_s die Streuinduktivität des Transformators und C_{eff} die resultierende Kapazität des Transformators und anderer parallelgeschalteter Kondensatoren, z. B. eines Spannungsteileres. Die Kurzschlußinduktivität L des Stoßkreises umfaßt L_d, L_g und L_s. Die Magnetisierungsinduktivität L_m kann bei geringer Sättigung und bei einer vor jedem Schaltstoß erfolgten Entmagnetisierung bzw. Gegenmagnetisierung mit zumindest einem der Koerzitivfeldstärke entsprechenden Gleichstrom vernachlässigt werden.

Abb. 3.8 zeigt den Verlauf des Magnetisierungsstromes (oben), des nieder- (Mitte) und hochspannungsseitigen 50-Hz-Halbwellenstoßes von $920\,\text{kV}$ bzw. $740\,\text{kV}$ Scheitelwert (a) mit und (b) ohne Gleichstrom-Vormagnetisierung.

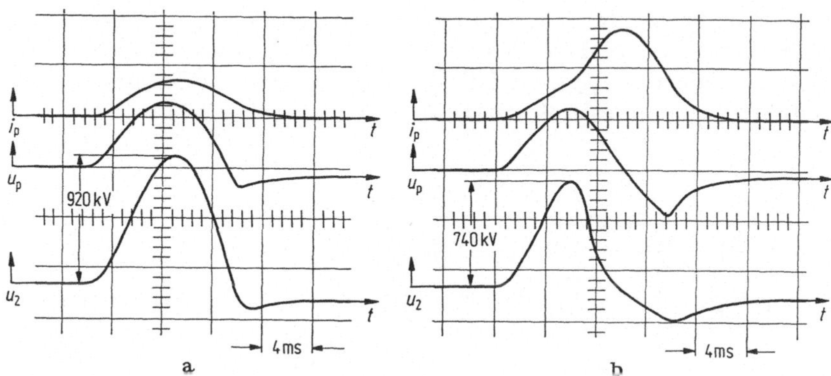

Abb. 3.8. Oszillogramme von 50-Hz-Halbwellenstößen bis 920 kV Scheitelwert; Schaltung nach Abb. 3.7.

Durch Anwendung der elektronischen Steuerung kann die Zündung des Ignitrons verschoben und dadurch die Dauer der Schaltspannung verändert werden, wobei jedoch mit steigendem Zündverzug auch die Schaltspannung abnimmt (Abb. 3.9).

Kind und Salge [14] haben dieses Prüfverfahren weiterentwickelt, indem sie — wie in Abb. 3.10 gezeigt — die Schaltung durch ein weiteres Ignitron Ig_2 und einen niederohmigen Widerstand R_0 ergänzten.

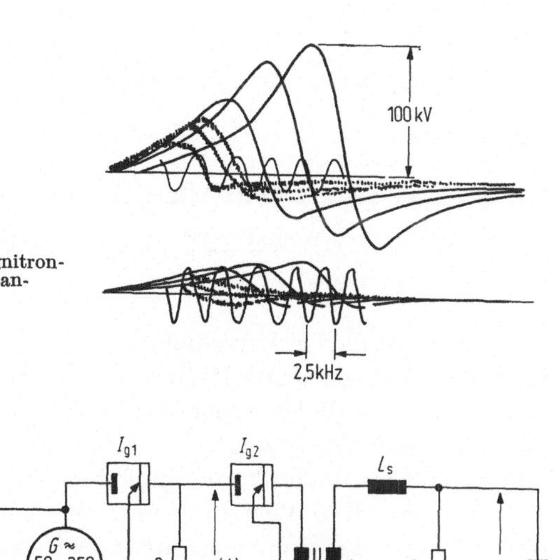

Abb. 3.9. Einfluß des Ignitron-Zündmomentes auf die Spannungswelle.

Abb. 3.10. Zwei-Ignitron-Halbwellenschaltung.

Nach erfolgter Zündung des Ignitrons I_{g1} steigt die Spannung an R_0 entsprechend Abb. 3.11 — oben an. Wird z. B. nach einer Viertelwelle das zweite Ignitron I_{g2} gezündet, so steigt der dem Prüftransformator zugeführte Spannungsstoß mit steiler Front an (Abb. 3.11 unten).

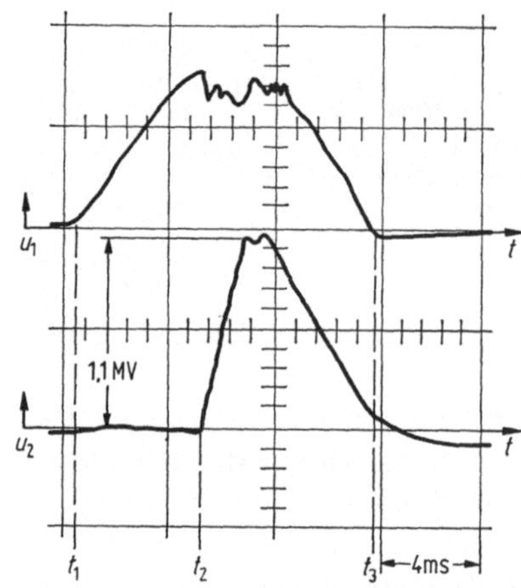

Abb. 3.11. 1,1-MV-Halbwellen-stoß; Schaltung nach Abb. 3.10.

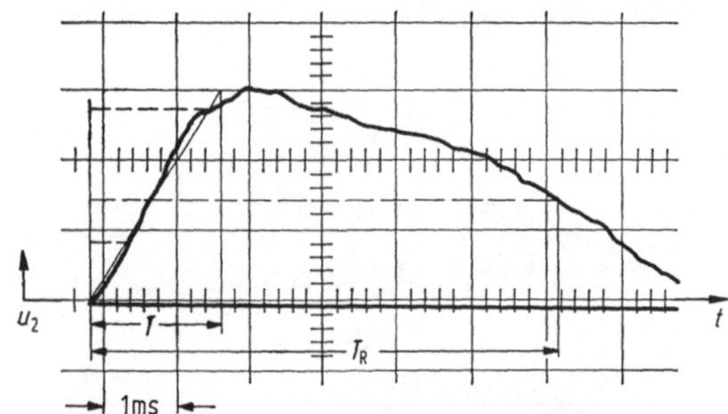

Abb. 3.12. Oszillogramm einer positiven 1800/6350 µs-Schalt-spannung; Schaltung nach Abb. 3.10.

Durch die gegenseitige Verschiebung der Zündimpulse von I_{g1} und I_{g2} kann somit die Front- und Halbwertdauer der Schaltspannung verändert werden. Als Beispiel ist auf Abb. 3.12 eine positive 1800/6350-µs-Schaltspannung gezeigt.

Die Prüf- und Meßtechnik und die Fehlerdetektion ist den bei Stoßprüfungen angewandten Verfahren ähnlich, jedoch nicht identisch.

Abb. 3.13 zeigt den Versuchsaufbau bei einer induzierten Schaltspannungsprüfung eines Yy_0-geschalteten Transformators. Der Magnetisierungsstrom $i_\mu(t)$ wird mittels eines erdseitig angebrachten Shunts R_{sh} gemessen, während Hoch- und Niederspannung über entsprechende ohmsche oder kapazitive Spannungsteiler oszillographiert werden. Bei den hier betrachteten langen Frontdauern ist die Auswahl

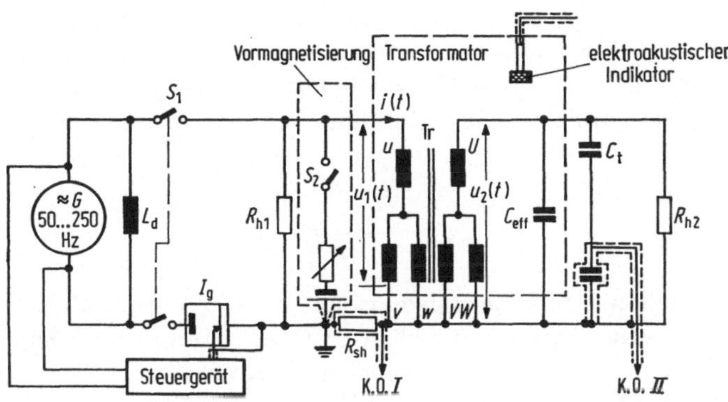

Abb. 3.13. Versuchsaufbau bei der Prüfung von Transformatoren mit Schaltspannungen.

des Spannungsteilers, bzw. seine Stoßantwort nicht kritisch. Auch der in 2.3 beschriebene elektroakustische Indikator kann als zusätzlicher Fehlerdetektor verwendet werden. Bei der Prüfung mit induzierten Schaltspannungsstößen wird ein Längsisolations- bzw. Wicklungsdefekt sowohl in den beiden Spannungs- als auch in Magnetisierungsstromoszillogramm klar angedeutet.

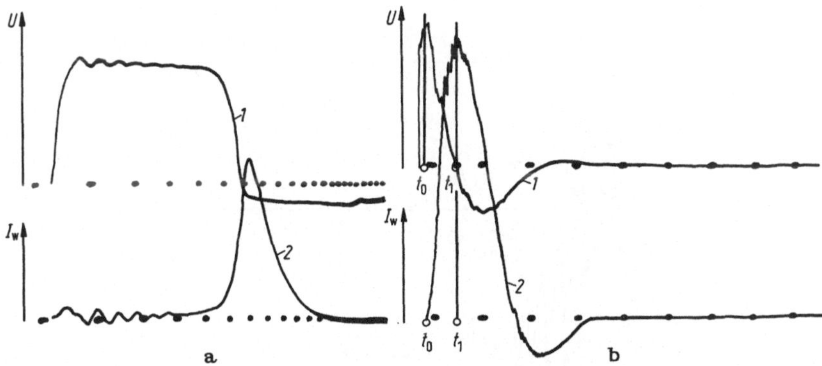

Abb. 3.14. Ausprägung eines Windungsdefektes bei der Schaltspannungsprüfung eines 30-MVA-Transformators. *1* Spannung, *2* Wicklungsstrom; links ohne Windungsdefekt, rechts mit Defekt.

Abb. 3.14 zeigt den Hochspannungs- und Stromverlauf bei Schaltspannungsprüfung eines 30-MVA-Transformators. Der Strom ist infolge der offenen, praktisch unbelasteten Transformatorenwicklungen bis zur Sättigung gering. Tritt ein Wicklungsdefekt auf, so sinkt die Leerlaufinduktivität L_m auf den Wert der Kurzschlußinduktivität L_k, der Strom $i(t)$ steigt rasch an, während die Spannung $u(t)$ absinkt, wie aus Abb. 3.14 ersichtlich. Bezeichnet man mit t_0 den Moment des eingetretenen Wicklungsdefektes (Beginn des Spannungszusammenbruches) und mit t_1 die Zeit, nach welcher der Strom den Maximalwert erreicht hat, so kann die Kurzschlußinduktivität annähernd aus

$$L_\mathrm{k} \approx \frac{\int\limits_{t_0}^{t_1} u_1(t)\,\mathrm{d}t}{i(t_1)} \tag{10}$$

bestimmt werden. Ein Längsisolations- oder Windungsdefekt wird somit bei Schaltspannungsversuchen in Oszillogramm wesentlich einfacher und deutlicher erkannt als bei der Stoßprüfung, die praktisch immer bei kurzgeschlossenen oder niederohmig belasteten Wicklungen durchgeführt wird.

Bei der Hauptisolationsprüfung von Transformatoren wird ein Durchschlag sowohl in Spannungsoszillogramm als auch in Kessel- bzw. Erdleitungsstromoszillogramm deutlich angezeigt, wie aus Abb. 3.15 ersichtlich.

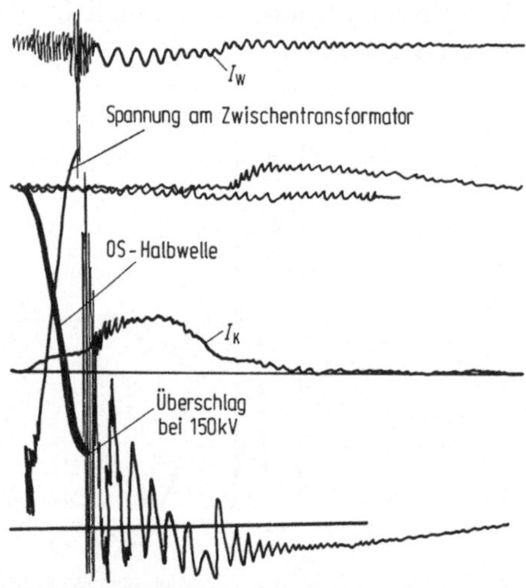

Abb. 3.15. Ausprägung eines Hauptisolationsdefektes bei der Schaltspannungsprüfung eines Transformators; I_k Kesselstrom, I_W Wicklungsstrom.

Bei Schaltüberspannungen wird nicht, wie dies bei Stoßversuchen üblich ist, die 50%-Überschlagspannung angegeben. Da die Überschlags-Wahrscheinlichkeitskurve bei Schaltspannungsversuchen einen relativ breiten Spannungsbereich bedeckt, erscheint es angebracht die mit 0,13%-Wahrscheinlichkeit auftretende, einer 3-σ-Abweichung entsprechende Überschlagspannung anzugeben.

Bei Schaltspannungsversuchen an Funkenstrecken, Isolatoren u. ä. wird zumeist nur die relative Luftdichtenkorrektur berücksichtigt. Eine Korrektur der relativen Luftfeuchtigkeit wird nicht durchgeführt.

Literatur zu Kap. 3

1. Christoffel: Coordination de l'isolement dans les installations à haute et moyenne tensions. Revue BBC 51 (1964) 341—345.
2. A. Algbrant u. a.: Switching Surge Testing of Transformers. IEEE Trans. on Power Apparatus and Systems. PAS-85 (1966) 54—61.
3. W. Wanger, W. Huber: Überschlagsspannung von Isolatoren und Funkenstrecken in Gebiet zwischen Stoßspannungsprüfung und betriebsfrequenten Spannungsprüfung. BBC-Mitt. 27 (1940) 231—243.
4. II. Fiegel, J. G. Kresge: Effects on Transformer Insulation Structures of Long Duration Waves Representative of Switching Surges. Trans. AIEE 75/III (1956) 1312—1320.
5. B. Gänger, G. Hosemann: Untersuchungen über das Isoliervermögen bei Schaltüberspannungen. Brown, Boveri Mitt. 46 (1959) 279—287.
6. E. H. Gehrig u. a.: Application of New Concepts to 500 kV System Insulation Coordination. IEEE Trans. Power Apparatus and Systems, January 1964 41—48.
7. CEI: Comité d'Etudes No 42 (Secrétariat) 13. Technique des essais à haute tension. Projet de modifications à la publication 60 (1962) de mai 1965.
8. J. G. Anderson u. a.: Rigidité opposée à l'amorçage d'arc sur lignes à très hautes tensions et isolation d'une station; CIGRE — Bericht 1962, III, No 401, 16 S.
9. N. N. Titschodeew, A. N. Tuschnow: A. C. Flashpower voltages of air gaps. Električestvo (1958), No. 3, 37—39.
10. P. Jacottet: Über neue Versuche mit Schaltspannungen. ETZ-A 84 (1963) 463—466.
11. A. W. Atwood u. a.: Switching Surge Tests on Simulated and Full Scale EHV Tower Insulator Systems. Trans. IEEE on Power, Apparatus and Systems, PAS — 84 (1965) 293—304.
12. T. Udo: Switching Surge and Impulse Sparkover Characteristics of Large Gap Spacings and Long Insulator Strings. Trans. IEEE PAS-84 (1965) 304—310.
13. Goldstein: Coordination de l'isolement et choix des parafoudres. Rév. BBC 51 (1964) 47—55.
14. A. Ašner: Elektronische Steuerung für das Schalten jeweils einer Spannungshalbwelle in Frequenzbereich bis 500 Hz mittels eines Ignitrons. Schweizer Patent Nr. 346288/1957.
15. D. Kind, J. Salge: Über die Erzeugung von Schaltspannungen mit Hochspannungs-Prüftransformatoren. ETZ-A 86 (1965) 648—651.

4. Schaltungen für kombinierte Stoßspannungs- und -stromversuche

In diesem Abschnitt sollen Versuchsschaltungen zur gleichzeitigen Beanspruchung von Hochspannungsapparaten, Isolierstrecken usw. mit Hochspannungen und -strömen verschiedener Dauer besprochen werden, wobei zumindest eine Spannung oder Strom Stoßvorgänge sind. Derartige Versuche können insofern von Bedeutung sein, als unter bestimmten ungünstigen gegenseitigen Verhältnissen der einwirkenden Hochspannungen und Ströme die Beanspruchung des Prüflings bedeutend höher werden kann als beim Einwirken nur einer Spannung oder eines Stromes.

Eine besondere Stellung nehmen dabei die kombinierten Prüfungen von Hochspannungsableitern ein. Man kann die am Ableiter zum Schutze von Hoch- und Höchstspannungsleitungen, Stationen und Apparaten gestellten Anforderungen etwa wie folgt definieren:

a) Möglichst unabhängige Ansprechspannung u_a bzw. unabhängiges Verhältnis Ansprechspannung zur Löschspannung u_a/U_1 (Gleichspannung oder Wechselspannung) von der Anstiegszeit t_a der Überspannung, d. h. möglichst gleichmäßige Schutzwirkung bei Stoß-, Schalt- und betriebsfrequenter Überspannungsbeanspruchung des Ableiters. Als Beispiel sei auf Abb. 4.1 die im Bereiche $1\ \mu s < t_a < 1000\ \mu s$ weitgehend konstante Ansprechspannung $u_a(t)$ bzw. konstantes Verhältnis $u_a(t)/U_1$ eines Ableiters für 460 kV Löschspannung gezeigt.

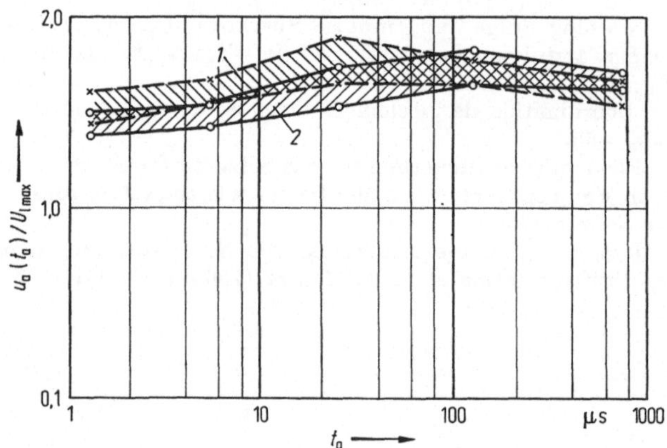

Abb. 4.1. Ansprechkennlinie eines Ableiters für 460 kV Löschspannung. u_a Ansprechspannung bei Stoß; U_{1max} Löschspannungsscheitelwert; 1 positive, 2 negative Polarität; t_a Dauer bis zum Ansprechen des Ableiters.

b) Sichere Unterbrechung des dem Stoß- oder Schaltspannungsbeanspruchungsstrom folgenden Netzstromes $i_n(t)$ bei gegebener Löschspannung U_l, und

c) Begrenzung der Restspannung $u_p(t)$, d. h. des bei Beanspruchung eines Ableiters mit Stoß- oder Schaltstrom an dessen Klemmen erscheinenden Spannungsabfalls, zumeist an den nichtlinearen Widerstandselementen des Ableiters, auf vorgeschriebene zulässige Werte.

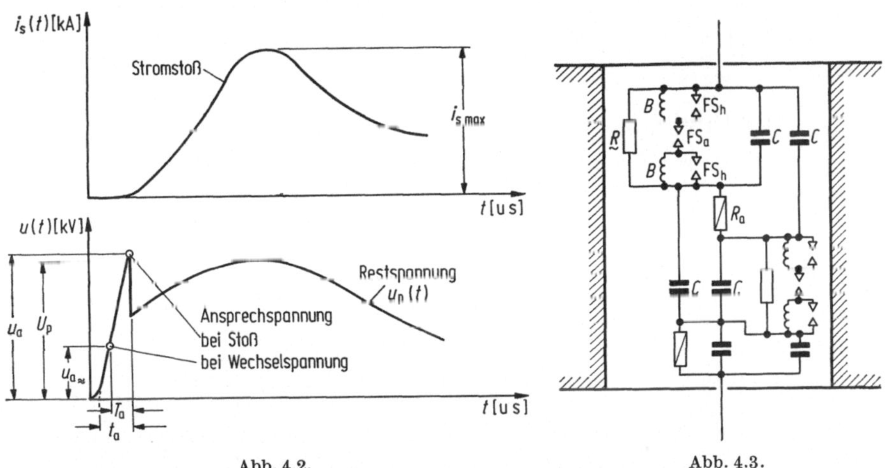

Abb. 4.2.   Abb. 4.3.

Abb. 4.2. Ströme und Spannungen eines Ableiters. i_s Stoßstrom; t_a Dauer bis zum Ansprechen; u_a Ansprechspannung bei Stoß; $u_a \approx$ Ansprechspannung bei 50 Hz; T_a Ansprechverzug des Ableiters; U_p Restspannungsscheitelwert.

Abb. 4.3. Schematische Darstellung eines Ableiters mit nichtlinearen Widerständen und mit magnetischer Lichtbogenbeblasung. B Magnetfeldspule für Lichtbogenbeblasung; FS$_a$ Ableiter-Hauptfunkenstrecke; FS$_h$ Ableiter-Hilfsfunkenstrecke; R_a Nichtlinearer Widerstand; $R_\sim$ Widerstandselement für lineare Wechselspannungsverteilung; C Kapazität für lineare Stoßspannungsverteilung.

Zum besseren Verständnis sind in Abb. 4.2 die bei Ableiterprüfungen auftretenden Spannungen und Ströme gezeigt, während eine eingehende Definition in den entsprechenden IEC-Vorschriften über die Prüfung von Überspannungsableitern gegeben ist [1].

Um den soeben genannten Anforderungen selbst bis zu den höchsten Übertragungsspannungen zu entsprechen, werden Ableiter zumeist aus gleichartigen Elementen aufgebaut, wobei ein Element für etwa 50 bis 100 kV Löschspannung ausgelegt ist. Wie aus Abb. 4.3 ersichtlich, besteht ein Ableiterelement aus einer Reihenschaltung von nichtlinearen Widerständen R_a und Funkenstrecken FS$_a$ und FS$_h$ mit wirksamer Vorionisierung und magnetischer Lichtbogendehnung, bzw. Beblasung. Eine möglichst lineare Spannungsverteilung auf die einzelnen Elemente bzw. Funkenstrecken bei kurzzeitiger Stoßspannungsbeanspruchung ist durch entsprechende kapazitive Steuerung und bei langsameren Schaltüberspannungen sowie bei Netzspannung durch ohmsche Widerstandssteuerung gewährleistet.

Zur Überprüfung der unter b) und c) genannten Bedingungen sind kombinierte Ableiter-Versuchsschaltungen erforderlich.

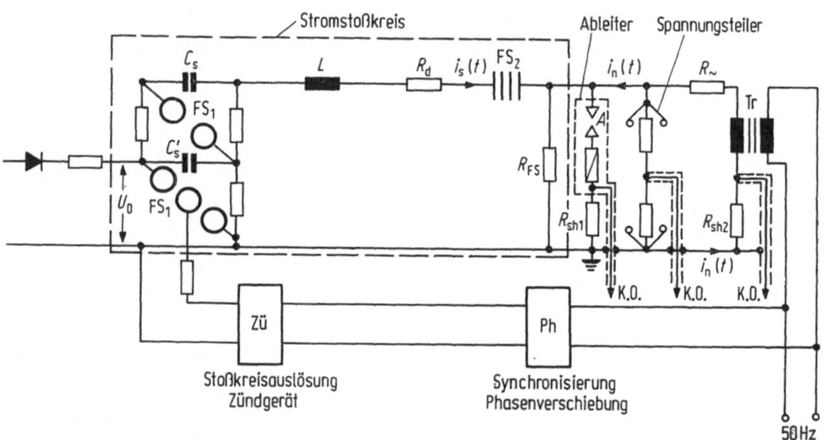

Abb. 4.4. Versuchsanordnung bei Ableiter-Löschfähigkeitsversuchen. C_s', C_s Einzel- und Gesamt-stoßkapazität; L Stromstoßkreis-Induktivität; R_d Stromstoßkreis-Dämpfungswiderstand; FS1 Stoßkreis-Funkenstrecke; FS2 Wechselspannungs-Schalt- und Trennfunkenstrecke; $i_s(t)$ Stromstoß; R_{FS} Funkenstrecken-Potentialwiderstand; A Ableiter; $R_\sim$ Wechselspannungs-Dämpfungswiderstand; Tr Transformator für Prüfwechselspannung; $i_n(t)$ Wechselspannungs-Nachstrom; R_{sh1}, R_{sh2} Stoß-, bzw. Nachstrom-Meßshunts; $Zü$ Zündgerät für Stromstoßkreisauslösung; Ph Phasen-verschiebung und Synchronisierung mit Netzspannung.

Abb. 4.4 zeigt das Schaltbild eines Ableiter-Löschfähigkeitsver-suches. Der Versuch soll den Nachweis erbringen, daß ein Ableiter, bzw. ein Ableiterelement nach erfolgter Stromstoßbeanspruchung den nachfolgenden netzfrequenten Strom ohne Rückzündung entweder völlig zu löschen vermag, oder ihn auf einen dauernd fließenden unbe-deutenden Wert reduziert, wobei die an den Ableiterklemmen auftre-tenden Restspannungen bestimmte Grenzwerte nicht überschreiten sollen.

Auf der linken Seite befindet sich ein aus der Gesamt-Stoßkapazität C_s Induktivität L und Widerstand R_d zusammengesetzter Stromstoß-generator, der durch die Funkenstrecke FS2 vom netzfrequenten Teil getrennt ist. Dieser besteht im Wesentlichen aus einem regelbaren Hochspannungstransformator Tr und dem Dämpfungswiderstand $R_\sim$ zur Begrenzung des durch den Ableiter fließenden netzfrequenten Nach-stromes $i_n(t)$. Dem Prüfling sind ein oder mehrere Spannungsteiler zwecks Messung der an den Ableiterklemmen auftretenden Spannun-gen parallelgeschaltet. Die beiden Meßshunts R_{sh1} und R_{sh2} dienen zur Messung des Ableiterstoßstromes $i_s(t)$ bzw. des Nachstromes $i_n(t)$.

Die Mehrfach-Unterbrechungsfunkenstrecke FS2 verhindert, daß ein netzfrequenter Strom auch durch den Stoßkreis fließt. Durch den hochohmigen Widerstand R_{FS} ist die rechte Elektrode von FS2 an Erde gelegt, so daß keine Wechselspannung an dieser Funkenstrecke liegt und der Stoßkreis in beliebigem Zeitpunkt der Wechselspannung ausgelöst werden kann. Zu diesem Zweck ist der Phasenverschiebungssatz *Ph* und das Zündgerät zu vorgesehen.

Für die Beobachtung und Messung der Stoßvorgänge sind Kathodenstrahloszillographen erforderlich; die nachfolgenden netzfrequenten Vorgänge können auch mit Schleifenoszillographen aufgenommen werden. Um hochfrequente Störschwingungen in Löschspannungsoszillogramm zu eliminieren, kann ein entsprechendes Tiefpaßfilter eingesetzt werden.

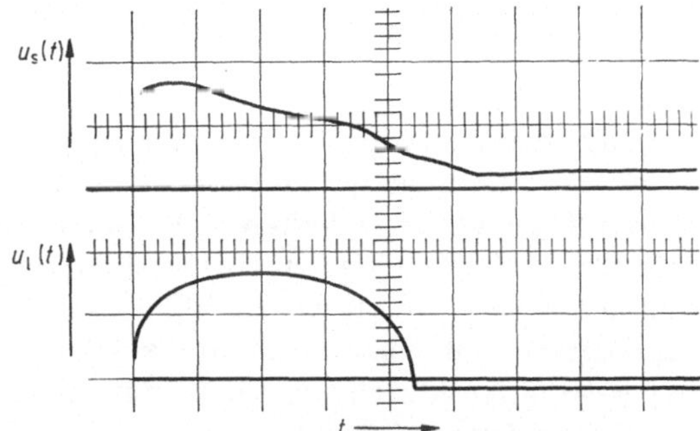

Abb. 4.5. Spannungsverläufe an einem nichtlinearen Ableiterwiderstand bei 8/20-µs-Stromstoßversuch. Oben $u_s(t)$ Stoßspannungsverlauf. Unten $u_1(t)$ Löschspannungsverlauf.

Abb. 4.5 zeigt den an einem nichtlinearen Ableiterwiderstand gemessenen Stoßspannungsabfall $u_s(t)$ — oben — bei linearem Zeitablaufgeschwindigkeit von 20 µs/cm und die nachfolgende Löschspannung $u_1(t)$ bei 2 ms/cm. Die Stoßspannung ist bei einem 10-kA-Stromstoß der Form 8/20 µs, die Löschspannung bei einem Nachstrom von 250 A aufgenommen worden.

Eine Variante der in Abb. 4.4 gezeigten Schaltung ist in Abb. 4.6 gegeben. Sie ist für die Ermittlung der Rückzündungsspannung von Ableiterfunkenstrecken entwickelt worden [2].

Von einer Ableiterfunkenstrecke wird verlangt, daß nach Beanspruchung mit bzw. einem 8/20-µs-Stromstoß von 10 kA Scheitelwert und einem netzfrequenten Nachstrom von einigen 100 A die Rückzündungsspannung entsprechend hoch liegt.

Abb. 4.6 entsprechend ist die zu prüfende Funkenstrecke FS_a mit einem Ableiter in Reihe geschaltet. Die Trennfunkenstrecke FS2 ist durch den hochohmigen Widerstand R_{FS} überbrückt, so daß die rechte Stoßkreisfunkenstrecke FS1 durch die Spannungsdifferenz $U_0 - (- U_{max} \sin \omega t)$ beansprucht wird und bei entsprechender

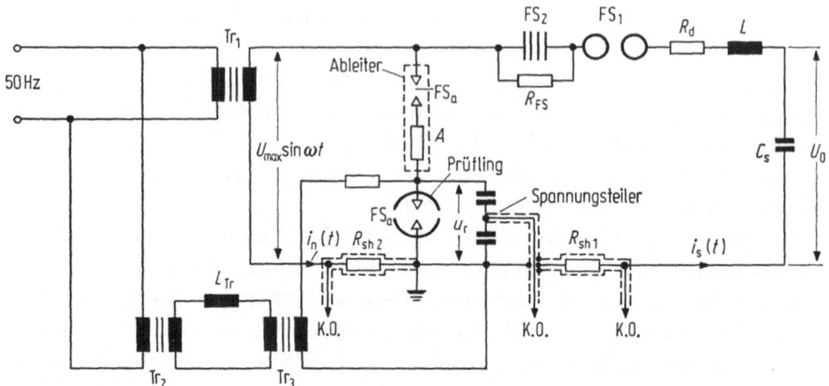

Abb. 4.6. Versuchsaufbau für Rückzündungsversuche an Ableiterfunkenstrecken. Wie bei Abb. 4.4 und: FS_a Prüfling (Funkenstrecke); Tr_2 Transformator zur Erregung des Impulstransformators Tr_3; L_{Tr} Induktivität in Erregerkreis des Impulstransformators; $u_{rz}(t)$ Rückzündungsspannung.

Schlagweiteneinstellung z. B. im negativen Scheitelwert der Wechselspannung gezündet wird.

Die Rückzündungsspannung $u_{rz}(t)$ wird über die beiden Transformatoren Tr_2 und Tr_3 erhalten. Der stark gesättigte Impulstransformator Tr_3 wird über eine reaktive Last L_{Tr} gespeist, so daß der Erregerstrom der Netzspannung bis zu 90° nacheilen kann und auf der Hochspannungsseite ein Spannungsimpuls erhalten wird, der sich mit dem Erregerstrom-Nulldurchgang bzw. mit dem Scheitelwert der Netzspannung weitgehend deckt.

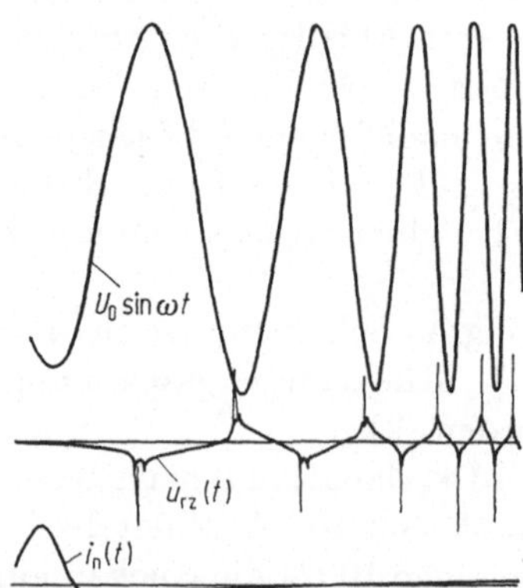

Abb. 4.7. Oszillogramm eines Rückzündungsversuches an einer Ableiterfunkenstrecke. $U_m \sin \omega t$ netzfrequente Wechselspannung; $u_{rz}(t)$ Rückzündungsspannung; $i_n(t)$ Nachstrom durch Ableiter-Funkenstrecke.

Abb. 4.7 zeigt das entsprechende Oszillogramm, dem oben die 50-Hz-Wechselspannung, in der Mitte die vom Impulstransformator Tr_3 gelieferte Rückzündungsspannung $u_{rz}(t)$ und unten der 250-A-Scheitelwert Nachstrom $i_n(t)$ entnommen werden können. Der zuerst fließende Stromstoß $i_s(t)$ ist auf diesem Oszillogramm nicht sichtbar.

Weitere kombinierte Versuchsschaltungen sind für die Prüfung von Ableitern mit Schaltüberspannungen erforderlich. Die für den Ableiter höchsten Beanspruchungen treten wohl beim Zuschalten von entgegengesetzt geladenen Leitungen auf, bzw. bei dreipoliger Kurzunterbrechung von ein- oder zweipoligen Leitungsfehlern. Bezeichnet man mit U_0 die Spannung der geladenen Leitung und mit U_{max} den Scheitelwert der geschalteten Wechselspannung, so können in ungünstigen Fällen bei rückzündenden Schaltern Verhältnisse bis zu $U_0/U_{max} = = - 2{,}5$ erhalten werden [3].

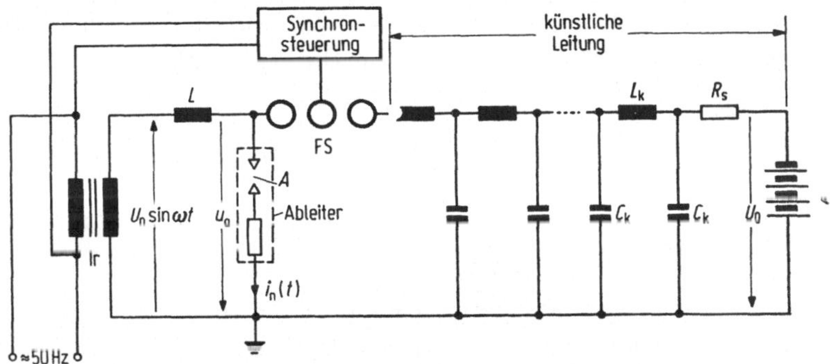

Abb. 4.8. Versuchsschaltung für Schalt- und Wechselspannungsprüfung von Ableitern. L Induktivität im Wechselspannungskreis; FS Schaltspannungs-Auslösefunkenstrecke; $i_n(t)$ Ableiter-Nachstrom; C_k Kapazität und L_k Induktivität eines Elementes der nachgebildeten Leitung; R_S Schutzwiderstand; U_0 Ladespannung der nachgebildeten Leitung; Tr 50-Hz-Transformator.

Abb. 4.8 zeigt nun eine entsprechende Versuchsschaltung: Die auf Gleichspannung U_0 geladene Leitung ist durch den Kettenleiter C_k-L_k nachgebildet und durch die steuerbare Funkenstrecke FS von der Wechselspannung $U_0 \sin (\omega t + \beta)$ getrennt. Der zu prüfende Ableiter ist den beiden Spannungsquellen parallelgeschaltet.

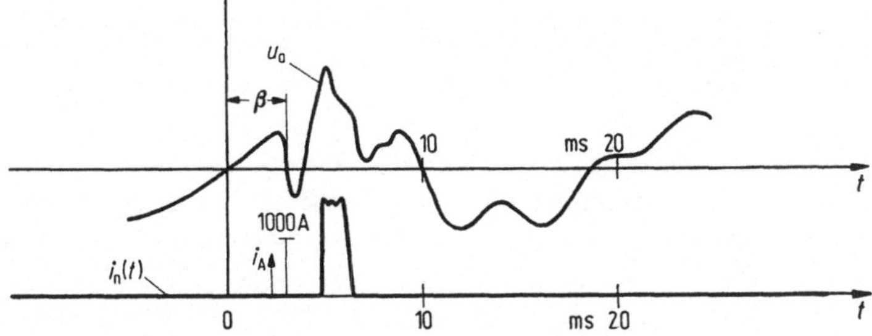

Abb. 4.9. Oszillogramm einer kombinierten Wechsel- und Schaltspannungsprüfung eines Ableiters. Oben: u_a Ansprechspannung; unten: i_n Nachstrom.

Dem auf Abb. 4.9 gezeigten Oszillogramm können die Ansprechspannung des Ableiters $u_a(t)$ und der Nachstrom $i_n(t)$ von etwa $2000\,A$ Scheitelwert entnommen werden.

Abschließend sollen noch zwei kombinierte Versuchsschaltungen für die Stoßprüfung von wechsel-(oder gleich-)spannungsvorerregten Schalterpolen, Trenn- und Schutzfunkenstrecken, Ableitern usw. gegeben werden [4, 5]. Obwohl nach den Prüfvorschriften die Stoßprüfung ohne Wechselspannungs-Vorerregung durchgeführt wird, kann es insbesondere bei Entwicklungs- und Prototypversuchen von Interesse sein, die Festigkeit bei gleichzeitiger Einwirkung von Stoß- und Wechselspannung zu kennen. Abb. 4.10a und b zeigt die beiden Versuchsschaltungen; Anordnung a) ist für die Prüfung von Schalterpolen und Trennschaltern entwickelt worden, wobei Stoß- und Wechselspannung auf verschiedene Pole einwirken, während bei Anordnung b) die beiden Spannungen auf den gleichen Pol (gegen Erde) einwirken.

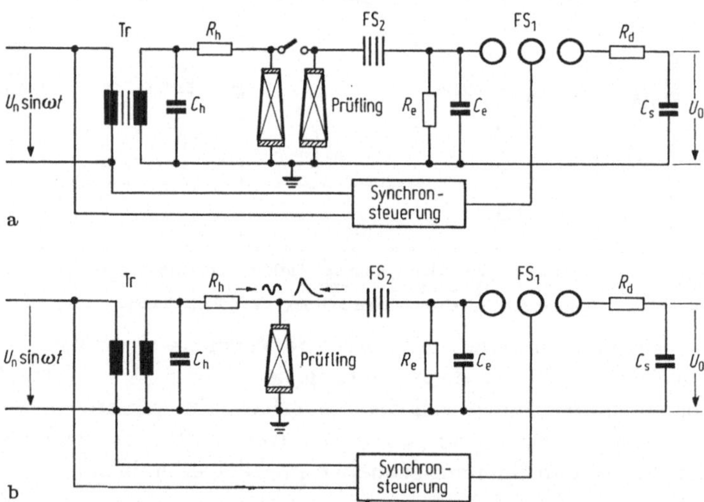

Abb. 4.10. Versuchsanordnung für die Prüfung Wechselspannungs-vorerregter Isolierstrecken bei a) gegenpoliger und b) gleichpoliger Einwirkung der Stoßspannung. Wie bei Abb. 4.4. und 4.6. und C_e Belastungskapazität des Stoßkreises; R_e Entladewiderstand des Stoßkreises; R_h Schutzwiderstand und C_h Schutzkapazität des Wechselspannungskreises gegen Stoßbeanspruchung.

Die Wechselspannung wird vom regelbaren Hochspannungs-Prüftransformator, die Stoßspannung vom Stoßkreis C_s-R_d-C_e-R_e geliefert. Bei Versuchsanordnung a) schützt das $R_\mathrm{h}C_\mathrm{h}$-Glied von mehreren kΩ bzw. mehreren 1000 pF den Transformator gegen den auflaufenden Stoß, während die Unterbrechungsfunkenstrecke FS2 eine Wechselstrombeanspruchung der Stoßkreiselemente verhindert. Die Zündfunkenstrecke löst den Stoßkreis im gewählten Moment der Wechselspannung aus. Bei gleichpoliger Beanspruchung nach Abb. 4.10b ist der Schutzwiderstand R_h auf etwa 500 Ω reduziert worden, um einen entsprechenden Wechselspannungsabfall zu vermeiden.

Bei sämtlichen bisher betrachteten kombinierten Versuchsschaltungen war eine Synchronisierung der Stoß- oder Schaltspannung mit der netzfrequenten Wechselspannung erforderlich. Zu diesem Zwecke sind verschiedene elektronische Steuerungen entwickelt worden. Es soll nun eine Schaltung beschrieben werden, die sowohl für die Auslösung von gesteuerten Funkenstrecken für Stoßvorgänge, als auch zum Zünden von Ignitrons für überlagerte Schaltspannungsbeanspruchung verwendet werden kann.

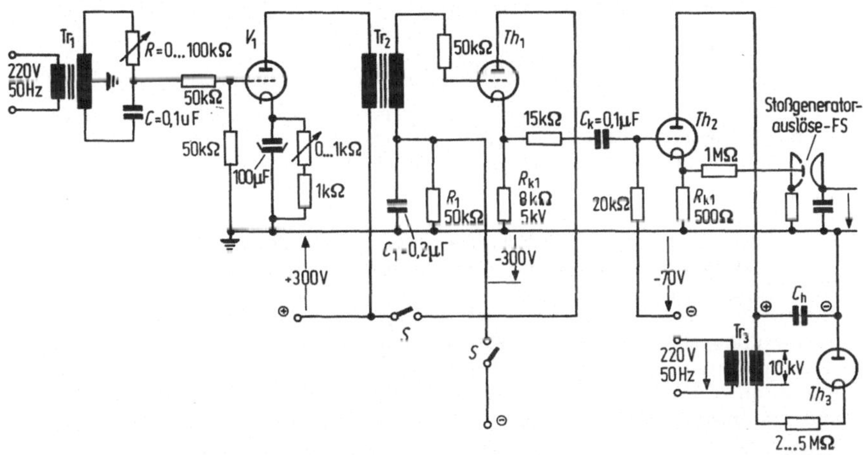

Abb. 4.11. Schaltbild einer Synchronsteuerung für Stoß- und Schaltspannungen. C Kapazität und R Widerstand des Phasenverschiebungsgliedes; V_1 Verstärkerröhre; $Th_1 - Th_3$ Thyratronröhren; S Schalter; $Tr_1 - Tr_3$ Transformatoren; C_1 Kapazität und R_1 Widerstand des Abklinggliedes; R_{k1} Kathodenwiderstand; C_{k1} Impulsdifferenzierungskapazität; C_h Hochspannungskondensator.

Das Schaltbild ist in Abb. 4.11 gezeigt. Die Phasenverschiebung des Stoß- oder Schaltkreis-Auslöseimpulses wird durch den Transformator Tr_1 mit symmetrischer und in der Mitte geerdeter Sekundärwicklung, an die das verstellbare RC-Glied angeschlossen ist, erreicht. Die phasenverschobene Wechselspannung wird der ersten Verstärkerröhre oder Transistor zugeführt. Die verstärkte Wechselspannung wird über den stark gesättigten Impulstransformator dem Gitter eines Wasserstoffthyratrons Th_1 zugeführt. Durch Betätigung des Schalters S wird zugleich die negative Sperrspannung des Gitters von Th_1 behoben und die Anodenspannung zugeschaltet. Das Thyratron zündet nun bei entsprechendem Verhältnis des übertragenen positiven Gitterimpulses und der mit der Zeitkonstante $\tau = C_1 \cdot R_1 \approx 10$ ms abklingenden negativen Sperrspannung jeweils im gleichen Moment der netzfrequenten Wechselspannung. Der am Kathodenwiderstand R_{k1} des Thyratrons Th_1 entstandene Spannungsabfall wird über C_k differenziert und als steiler Impuls dem Gitter des auf 10 bis 20 kV Gleichspannung vorgespannten Hochspannungsthyratrons Th_2 zugeführt. Nach der momentan erfolgten Zündung von Th_2 entsteht am Kathodenwiderstand R_{k2} ein Hochspannungsimpuls der zum Auslösen der Zündfunkenstrecke, des Kathodenstrahloszillographen usw. verwendet werden kann. Beim Schalten eines Ignitrons kann durch Spannungsteilung ein etwa 300-V-Impuls abgegriffen und dem Zündstift zugeführt werden. Der Zündimpuls kann zwischen 0 und 160° mit der Wechselspannung synchronisiert werden. Durch entsprechende Auswahl der von RC und R_1C_1 kann die Schaltung für Wechselspannungen zwischen 50 Hz und 500 Hz verwendet werden.

Literatur zu Kap. 4

1. CEI-IEC: Publication 99—1/1958; Recommandations pour les parafoudres: Première partie: Parafoudres à résistance variable.
2. D. J. Amsler, J. Broccard, W. Zoller: Present Day Problems Concerning Certain Tests on Valve-Type Lightning Arresters. CIGRE 1958 — Report No. 329.
3. E. Sarbach: Begrenzung von Schaltüberspannungen durch Ableiter und Einfluß der Netzparameter auf die Ableiterbeanspruchung. Brown, Boveri Mitt. 53 (1966) 291—297.
4. R. Strigel: Über die 50%-Überschlagsspannung wechselspannungserregter Schutzfunkenstrecken. Wiss. Veröffentlichungen Siemens 10 (1942) 118—139.
5. A. Klopfenstein u. a.: Effect of Preceding Bias Voltage on Switching Surge Operation of Spill Gaps and Lightning Arresters. IEEE Trans. Power App. and Systems (1962) No. 61, 320—331.

Anhang

Mathematische Methoden zur Erfassung
von Ausgleichsvorgängen

A1. Die Laplace-Transformation

Ein wertvolles Hilfsverfahren für die Hochspannungs-Meßtechnik
ist die Laplace-Transformation. Die Berechnung wird dabei aus dem
Zeit- oder *Originalbereich* in den sogenannten *Bildbereich* verlegt, in
dem die ursprünglichen Differentialgleichungen in der Form einfacherer
algebraischer Gleichungen erscheinen. Die Berechnung wird im Bildbereich durchgeführt und die Lösung in den Originalbereich rücktransformiert.

Die mathematischen Grundlagen der Laplace-Transformation sollen
hier nicht näher erörtert werden. Es sei vielmehr auf die eingehende
und umfangreiche Literatur, z. B. [1, 2] verwiesen.

Für den Hochspannungstechniker ist vor allem die praktische Anwendung der Transformation und ihres mathematischen Formalismus
wichtig. Der schwierigste Schritt ist ihm dabei durch vorhandene
Tabellen für die meisten in der Praxis vorkommenden Funktionen
wesentlich erleichtert.

Es soll versucht werden, den Bildbereich anschaulich zu erklären:
Nach Doetsch wird durch die Transformation die Berechnung in den
Frequenzbereich verlegt, in dem der Ausgleichsvorgang zu einer Summe
von unendlich vielen Frequenzen angesetzt wird und die Berechnung
mit differentiellen Frequenzbeiträgen oder mit der sog. Spektraldichte
durchgeführt wird.

Es sollen nun die Grundregeln der Rechnung mit der Laplace-
Transformation gegeben werden.

Eine für $0 < t < \infty$ definierte Zeitfunktion $y(t)$ im Originalbereich
wird durch Anwendung der Transformation

$$Y(p) = \mathscr{L}[y(t)] = \int_0^\infty \mathrm{e}^{-pt}\, y(t)\, \mathrm{d}t \tag{1}$$

in den p- oder Bildbereich transformiert. p ist der Laplace-Operator
$p = \mathrm{d}/\mathrm{d}t$ und $1/p = \int_0^\infty \mathrm{d}t$. Gl. (1) gibt die Laplace-Transformation nach
Doetsch, die heute überwiegend angewandt wird. K. W. Wagner be-
dient sich einer anderen Form

$$Y(p)_\mathrm{w} = \mathscr{L}_\mathrm{w}[y(t)] = p \int_0^\infty \mathrm{e}^{-pt}\, y(t)\, \mathrm{d}t \tag{1a}$$

die sich von Gl. (1) durch den Faktor p unterscheidet. Darauf ist bei der Rücktransformation, d. h. beim Gebrauch der entsprechenden Tabellen zu achten. Im weiteren wollen wir uns an die von Doetsch angegebene Form halten. Die Rücktransformation ist durch das Umkehrintegral

$$y(t) = \mathcal{L}^{-1}[y(p)] = \frac{1}{2\,\pi\,\mathrm{j}} \int\limits_{\mathrm{x}-\mathrm{j}\,\omega}^{\mathrm{x}+\mathrm{j}\,\omega} \mathrm{e}^{p\,t}\; Y(p)\;\mathrm{d}p \qquad (2)$$

gegeben, wobei der Laplace-Operator als komplexe Variable

$$p = \mathrm{j}\,\omega = x + \mathrm{j}\,z \qquad (2\,\mathrm{a})$$

dargestellt wird. $\mathcal{L}[\,]$ und $\mathcal{L}^{-1}[\,]$ sind Symbole für die Transformation bzw. Rücktransformation.

Es sollen nun die wichtigsten Regeln der Rechnung mit der Laplace-Transformation gegeben werden: Für eine zeitlich um t_0 verschobene Funktion gilt

$$y\,(t - t_0) = \mathcal{L}^{-1}[\mathrm{e}^{-p\,t_0}\; Y(p)], \qquad (3)$$

$$y\,(t + t_0) = \mathcal{L}^{-1}\left[\mathrm{e}^{p\,t_0} \cdot Y(p) - \int\limits_0^{\mathrm{a}} \mathrm{e}^{-p\,t}\; y(t)\;\mathrm{d}t\right]. \qquad (4)$$

Der Dämpfungssatz lautet

$$\mathrm{e}^{-\alpha\,t}\, y(t) = \mathcal{L}^{-1}[Y\,(p + \alpha)]\,. \qquad (5)$$

Die Ableitungen $y(t)$, $y'(t)$, $\ldots$, $y^{(\mathrm{n})}(t)$, wobei vorausgesetzt wird, daß auch die höchste eine Bildfunktion besitzt, werden zu:

$$y'(t) = \mathcal{L}^{-1}[p\; Y(p) - Y(0)] \qquad (6)$$

$$y^{(\mathrm{n})}(t) = \mathcal{L}^{-1}\,[p^{\mathrm{n}}\; Y(p) - p^{\mathrm{n}-1}\; Y(0) + \cdots y^{(\mathrm{n}-1)}(0)]\,, \qquad (7)$$

und die Integration von $y(t)$

$$\int\limits_0^{\mathrm{t}} y(\tau)\;\mathrm{d}\tau = \mathcal{L}^{-1}\left[\frac{1}{p}\; Y(p)\right]\,. \qquad (8)$$

Besondere Bedeutung hat die Faltung. Es handelt sich dabei um das Integral

$$\int\limits_0^{\mathrm{t}} y_1(\tau) \cdot y_2\,(t - \tau)\;\mathrm{d}\tau \qquad (9)$$

welches dann auftritt, wenn eine Ursache (z. B. eine Kraft, Spannung, Strom) von $\tau = 0$ bis $\tau = t$ auf ein System wirkt, dessen Verhalten $y_2(t)$ beim Einwirken einer Ursache von bekanntem Verlaufe gegeben ist. Wie später gezeigt wird, kommt Gl. (9) in der Hochspannungs-Meßtechnik besondere Bedeutung zu, da sie die Übertragung und Messung von Ausgleichsvorgängen („Ursachen") über Impedanzsysteme (Ketten- und Wellenleiter) auf elegante Weise ermöglicht.

Nach dem Faltungssatz wird das Integral nach Gl. (9) wie folgt in den Bildbereich transformiert:

$$\int\limits_0^t y_1(\tau)\, y_2(t-\tau)\, \mathrm{d}\tau = \mathscr{L}^{-1}[Y_1(p) \cdot Y_2(p)] \tag{10}$$

oder

$$y_1(t) * y_2(t) = \mathscr{L}^{-1}[Y_1(p) \cdot Y_2(p)] \tag{11}$$

Die Integration wird im Bildbereich zu einfacher Multiplikation.

$$y_1(t) * \cdots * y_n(t) = \mathscr{L}^{-1}[Y_1(p) \cdots Y_n(p)] \tag{12}$$

wobei die Reihenfolge der einzelnen Operationen vertauscht werden darf.

Zum praktischen Gebrauch der Laplace-Transformation stellen wir folgendes Schema auf:

1. Aufstellung der Differentialgleichung mit den Anfangsbedingungen im Originalbereich
2. Transformierung in den Bildbereich
3. Lösung der algebraischen Gleichung im Bildbereich
4. Rücktransformation und Lösung im Originalbereich

Bei vielen Problemen der Hochspannungs-Meßtechnik kann mit der Aufstellung der Gleichungen im Bildbereich begonnen werden. Dabei wird: die Ursache $Y_1(p)$ im Bildbereich geschrieben und desgleichen das Übertragungssystem zu $Y(p)$ dargestellt. $Y(p)$ wird nach den Regeln der Rechnung mit komplexen Zahlen für Impedanzsysteme erhalten, indem p für $j\omega$ gesetzt wird. Je nach Problemstellung kann $Y(p)$ die Dimension einer Impedanz oder eines Leitwertes haben oder dimensionslos sein. Ein derartiges Vorgehen ist insbesondere bei Systemen zu empfehlen, deren Problemstellung auf mehrere Differentialgleichungen im Originalbereich hinausläuft. $Y(p)$ wird auch Übertragungsfunktion genannt und mit $\Gamma(p)$ bezeichnet. Die Ausgangsgröße ergibt sich dann zu

$$y_2(t) = \mathscr{L}^{-1}(Y_2(p) = \mathscr{L}^{-1}[Y_1(p)\,\Gamma(p)]\,. \tag{13}$$

Die Lösung im Bildbereich wird allgemein in der Form eines Bruches

$$Y_2(p) = \frac{K(p)}{M(p)} \tag{14}$$

erscheinen. Ist $K(p)$ ein Polynom n-ten Grades, so kann durch Partialbruchzerlegung von Gl. (14)

$$Y_2(p) = \frac{\sum\limits_{n=0}^{n} A_k\, p^k}{M(p)} + \frac{\sum\limits_{n=1}^{n} B_{k-1}\, p^{k-1}}{M(p)} + \frac{N_0}{M(p)} \tag{15}$$

geschrieben werden. Die Koeffizienten $A_k, A_{k-1}, \ldots, N_0$ werden aus den der Indentität

$$A_k\, p^k + (A_{k-1} + B_{k-1})\, p^{k-1} + \cdots N_0 = K_k\, p^k + \cdots \qquad (16)$$

entnommenen $(k+1)$ Gleichungen bestimmt.

Eine andere Lösungsmöglichkeit ergibt sich durch die Bestimmung der Nullstellen von $M(p)$:

$$M(p) = (p - p_1) \cdots (p - p_n)\,. \qquad (17)$$

Es kann dann

$$\frac{1}{M(p)} = \frac{1}{\sum\limits_{n=1}^{n} (p - p_k)} = \frac{D_1}{p - p_1} + \cdots + \frac{D_n}{p - p_n} \qquad (18)$$

mit den Koeffizienten

$$D_n = \frac{1}{\left(\dfrac{\mathrm{d}M(p_n)}{\mathrm{d}p}\right)_{p \to p_n}} \qquad (19)$$

bestimmt werden, die einzelnen Summanden von Gl. (18) in den Originalbereich rücktransformiert und durch Anwendung des Faltungsintegrals nach Gl. (10) $k(t) * d_1(t) \cdots$ mit $d_i = \mathscr{L}^{-1}\left[\dfrac{D_i}{p - p_i}\right]$ die Lösung im Originalbereich für jeden Summanden gefunden werden.

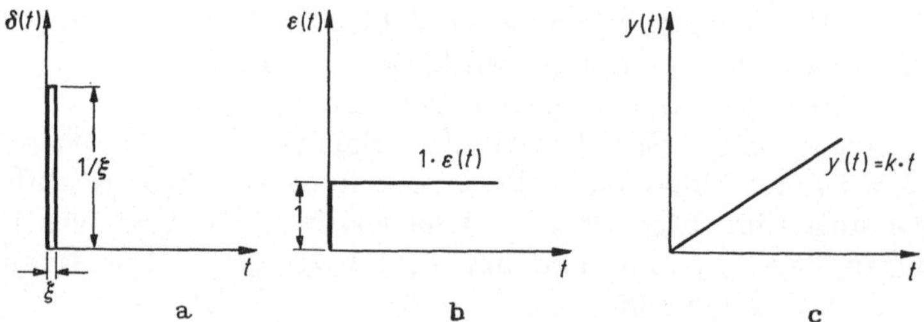

Abb. A1. a) Impuls- oder Nadelfunktion $\delta(t)$, b) Schrittimpuls oder Rechteckstoß $\varepsilon(t)$, c) Linearansteigender Steilstoß $y(t) = k \cdot t$.

Es sollen nun drei Anregungsfunktionen erläutert werden, denen in der Hochspannungs-Meßtechnik große Bedeutung zukommt. Es sind dies die Impuls- oder Nadelfunktion $\delta(t)$ die Schritt- oder Sprungfunktion $\varepsilon(t)$ und die linear ansteigende Rampenfunktion $y(t) = k \cdot t$ (s. Abb. A.1). Die Impulsfunktion $\delta(t)$ ist eine Erregung, die für alle Zeiten $t \to 0$ verschwindet, in $t = 0$ hingegen einen unendlichen Wert annimmt, so daß dem Produkt aus dieser (unendlichen) Amplitude und dem (unendlich kurzen) Zeitintervall ein bestimmter Wert,

z. B. 1, zugeordnet werden kann. Anschaulicher kann $\delta(t)$ als Impuls der Zeitdauer ξ und der Amplitude zu $1/\xi$ aufgefaßt werden, wo ξ gegen Null geht:

$$\delta(t) = \frac{1}{\xi} \qquad \text{für} \qquad 0 < t < \xi \tag{20}$$

$$= 0 \qquad \text{für} \qquad t < 0; t > \xi \,.$$

Die Impulsfunktion hat im Bildbereich den Wert

$$\mathscr{L}[\delta(t)] = 1 \,. \tag{21}$$

Die Schritt- oder Sprungfunktion $\varepsilon(t)$ ist

$$\varepsilon(t) = 1 \qquad \text{für} \qquad t > 0 \tag{22}$$

$$= 0 \qquad \text{für} \qquad t < 0 \,.$$

Ihre Abbildung ist

$$\varepsilon(t) = \mathscr{L}^{-1}\left[\frac{1}{p}\right] \,. \tag{23}$$

Die Antwort eines Systems bei Erregung durch die Impulsfunktion ist

$$g(t) = \mathscr{L}^{-1}[1 \cdot \Gamma(p)] \,. \tag{24}$$

Der Impulsantwort entspricht also im Bildbereich die Übertragungsfunktion des Systems $\Gamma(p)$.

Die Antwort eines Systems bei Einwirken der Schrittfunktion wird Übergangsfunktion oder Sprungantwort genannt

$$\gamma(t) = \mathscr{L}^{-1}\left[\frac{1}{p}\,\Gamma(p)\right] \,. \tag{25}$$

Mit Gl. (8) ist

$$\gamma(t) = \int\limits_0^t g(t)\,\mathrm{d}t \,. \tag{26}$$

Die linear ansteigende Rampenfunktion $y(t) = k\,t$ wird im Bildbereich zu

$$k(t) = \mathscr{L}^{-1}\left[k \cdot \frac{1}{p^2}\right] \,. \tag{27}$$

In gewissen Fällen ist es angebracht die Laplace-Transformation durch das *Integral von Duhamel* zu ersetzen, insbesondere wenn die Rücktransformation in den Tabellen der Laplace-Transformationen nicht gefunden werden kann, die Sprungantwort des Systems jedoch bekannt ist. Es ist dann:

$$y_2(t) = y_1(t) \cdot \gamma(0) + \int\limits_{\xi=0}^{\xi=t} y_1(\xi)\,\frac{\mathrm{d}}{\mathrm{d}(t-\xi)}\gamma\,(t-\xi)\,\mathrm{d}\xi \,, \tag{28}$$

$$y_2(t) = y_1(0) \cdot \gamma(t) + \int\limits_{\xi=0}^{\xi=t} \gamma\,(t-\xi)\,\frac{\mathrm{d}}{\mathrm{d}\xi}[y_1(\xi)]\,\mathrm{d}\xi \,. \tag{29}$$

Bisher ist angenommen worden, daß das Übertragungssystem aus konzentrierten Elementen zusammengesetzt war. Bei einem Ketten- oder Wellenleiter wird folgendermaßen vorgegangen: Der Wellenleiter kann allgemein über die Impedanz $\overline{Z}_1$ an die Spannung $u_1(t)$ gelegt werden und am Ende mit der Impedanz $\overline{Z}_2$ abgeschlossen sein. Es ist dann

$$u(t) = u_1(t) = i(t) \cdot \overline{Z}_1 \, , \tag{30}$$

$$u_2(t) = i_2(t) \cdot \overline{Z}_2 \, . \tag{31}$$

Nach einiger Umrechnung erhält man:

$$u_2(t) = u(t) \frac{\overline{Z}}{\overline{Z}_1 + \overline{Z}} \, (\mathrm{e}^{-\gamma_0 l} + r_2 \, \mathrm{e}^{-\gamma_0 1} + r_1 \, r_2 \, 3^{-\gamma_0 3l} + \cdots) \tag{32}$$

$$i_2(t) = u(t) \cdot \frac{1}{\overline{Z} + \overline{Z}_1} \, (\mathrm{e}^{-\gamma_0 l} - r_2 \, \mathrm{e}^{-\gamma_0 1} + r_1 \, r_2 \, \mathrm{e}^{-\gamma_0 3l} + \cdots) \tag{33}$$

wobei mit

$$r_1 = \frac{\overline{Z}_1 - \overline{Z}}{\overline{Z}_1 + \overline{Z}} \, , \tag{34}$$

$$r_2 = \frac{\overline{Z}_2 - \overline{Z}}{\overline{Z}_2 + \overline{Z}} \tag{35}$$

bezeichnet sind. Beachtet man ferner, daß für einen Wellenleiter allgemein

$$\gamma_0 \, l = \sqrt{(p \, L_0 + R_0) \, (p \, C_0 + G_0)} = \Phi(p) \cdot T_0 \tag{36}$$

so können Gl. (32) und (33) in den Bildbereich transformiert und dort gelöst werden:

$$U_2(p) = U(p) \cdot \frac{Z(p)}{Z_1(p) + Z(p)} \, [\mathrm{e}^{-\Phi(p)T_0} + r_2 \mathrm{e}^{-\Phi(p)T_0} + r_1 r_2 \mathrm{e}^{-3\Phi(p)T_0} + \cdots] \, , \tag{37}$$

$$I_2(p) = U(p) \cdot \frac{1}{Z_1(p) + Z(p)} \, [\mathrm{e}^{-\Phi(p)T_0} - r_2 \mathrm{e}^{-\Phi(p)T_0} + r_1 r_2 \mathrm{e}^{-3\Phi(p)T_0} + \cdots] \, . \tag{38}$$

Für die Durchführung derartiger Berechnungen sei auf die Literatur [2] verwiesen.

A.2. Das Fourier-Integral

Ausgleichsvorgänge können auch durch Anwendung des Fourier-Integrals behandelt werden, indem sie durch eine Summe harmonischer Schwingungen mit dem Frequenzspektrum $0 < \omega < \infty$ dargestellt werden. Soll die Übertragung eines Ausgleichsvorganges durch ein Impedanzsystem bestimmt werden, so wird dieser in harmonische Schwingungen zerlegt, die Übertragung von Betrag und Phase für jede harmonische Komponente ermittelt und der übertragene Ausgleichsvorgang durch Zusammensetzen der übertragenen Harmonischen erhalten. Man ersieht den Vorteil des Fourier-Integrals: Es ermöglicht die Behandlung von Ausgleichsvorgängen durch Anwendung stationärer harmonischer Schwingungen.

Ein im Zeitintervall $[0,\ T(s)]$ wirksamer Ausgleichsvorgang $y_1(k)$ kann durch das Fourier-Integral als

$$y_1(t) = \int_0^\infty [a(\omega) \cos \omega\, t + b(\omega) \sin \omega\, t]\, d\omega \tag{30}$$

dargestellt werden, wobei die Koeffizienten $a(\omega)$ und $b(\omega)$

$$a(\omega) = \frac{1}{\pi} \int_0^T y_1(\xi) \cos \omega\, \xi\, d\xi \tag{40}$$

$$b(w) = \frac{1}{\pi} \int_0^T y_1(\xi) \sin \omega\, \xi\, d\xi \tag{41}$$

sind. Setzt man Gl. (40) und (41) in (39) ein, so erhält man

$$y_1(t) = \int_0^\infty \frac{1}{\pi} d\omega \int_0^T y_1(\xi) \cos [\omega\, (t - \xi)]\, d\xi\ . \tag{42}$$

Ist nun der Frequenzgang des Systems nach Amplitude und Phase $A(\omega)$ und $\Phi(\omega)$ bekannt, so wird der übertragene Ausgleichsvorgang zu

$$y_2(t) = \int_0^\infty \frac{1}{\pi} d\omega \int_0^T A(\omega)\, y_1(\xi) \cos [\omega\, (t - \xi) - \Phi(\omega)]\, d\xi\ . \tag{43}$$

Gl. (42) und (43) werden auch graphisch gelöst indem $y_1(t)$ und $y_2(t)$ durch entsprechende Flächen dargestellt werden.

A.3. Das Umkehrintegral von Bromwich-Wagner

Bei der Auswertung von Ausgleichsvorgängen kann es wichtig sein, die Sprungantwort $\gamma(t)$ eines Systems aus seinem Frequenzgang zu bestimmen. Dazu bedient man sich des Umkehrintegrals von Bromwich-Wagner. Nach diesem ist die Stoßantwort durch

$$\gamma(t) = \frac{1}{2\,\pi\,j} \int_{-j\infty}^{+j\infty} \frac{F(p)\, e^{pt}}{p}\, dp \tag{44}$$

und die Schrittfunktion durch

$$\varepsilon(t) = \frac{1}{2\,\pi\,\mathrm{j}} \int\limits_{-\mathrm{j}\infty}^{+\mathrm{j}\infty} \frac{F(0)\,\mathrm{e}^{p\,t}}{p}\,\mathrm{d}p = \frac{1}{2\,\pi\,\mathrm{j}} \int\limits_{-\mathrm{j}\infty}^{+\mathrm{j}\infty} \frac{\mathrm{e}^{p\,t}}{p}\,\mathrm{d}p \qquad (45)$$

gegeben. $F(p)$ ist die Spektralfunktion

$$F(p) = F(\mathrm{j}\,\omega) = \mathrm{Re}\,[F(\omega)] + \mathrm{j}\,\mathrm{Im}\,[F(\omega)]\,, \qquad (46)$$

$$\mathrm{Re}\,[F(\omega)] = F(\omega)\,\cos\,[\Phi(\omega)]\,, \qquad (47)$$

$$\mathrm{Im}\,[F(\omega)] = -\,F(\omega)\,\sin\,[\Phi(\omega)]\,. \qquad (48)$$

Die Ausrechnung von Gl. (44) und (45) unter Berücksichtigung von Gl. (47) und (48) ergibt

$$\gamma(t) = \frac{2}{\pi} \int\limits_{0}^{\infty} \frac{\mathrm{Re}\,[F(\omega)]}{\omega}\,\sin\,\omega\,t\,\mathrm{d}\omega \qquad (49)$$

oder

$$\gamma(t) = 0{,}5 + \frac{1}{\pi} \int\limits_{0}^{\infty} \frac{\mathrm{Re}\,[F(\omega)]}{\omega}\,\sin\,\omega t\,\mathrm{d}\omega + \frac{1}{\pi} \int\limits_{0}^{\infty} \frac{\mathrm{Im}\,[F(\omega)]}{\omega}\,\cos\,\omega t\,\mathrm{d}\omega\,,$$

$$(50)$$

$$\gamma(t) = 1 + \frac{2}{\pi} \int\limits_{0}^{\infty} \frac{\mathrm{Im}\,[F(\omega)]}{\omega}\,\cos\,\omega t\,\mathrm{d}\omega\,. \qquad (51)$$

Die Sprungantwort kann somit aus dem nur reellen Anteil der Spektralfunktion $\mathrm{Re}\,[F(\omega)]$, aus dem nur imaginären Anteil $\mathrm{Im}\,[F(\omega)]$ oder aus beiden ermittelt werden.

In praktischen Fällen wird die Sprungantwort eines Systems mit bekannten $\mathrm{Re}\,[F(\omega)]$ und $\mathrm{Im}\,[F(\omega)]$ graphisch gelöst, indem diese durch n Geraden zwischen den Begrenzungsfrequenzen f_{n_1} und f_{n_2} approximiert werden und für jede Gerade die Teil-Sprungantwort $\gamma_n(t)$ ermittelt wird. Hierzu bedient man sich der aus den Gln. (49) bis (51) abgeleiteten Umkehrfunktionen $\eta_{12}(f_2\,t)$ und $\xi_{12}(f_2\,t)$:

$$\eta_{12}(f_2\,t) = \frac{1}{\pi}\left\{ \frac{1}{1 - \dfrac{f_1}{f_2}}\left[\mathrm{Si}\,(\omega_2\,t) - \frac{1 - \cos\omega_2\,t}{\omega_2\,t} \right] - \frac{\dfrac{f_1}{f_2}}{1 - \dfrac{f_1}{f_2}}\times \right.$$

$$\left. \times \left[\mathrm{Si}\left(\frac{f_1}{f_2}\,\omega_2\,t\right) - \frac{1 - \cos\left(\dfrac{f_1}{f_2}\,\omega_2\,t\right)}{\dfrac{f_1}{f_2}\,\omega_2\,t} \right] \right\}\,, \qquad (52)$$

$$\xi_{12}(f_2\,t) = \frac{1}{\pi}\left\{\frac{1}{1-\dfrac{f_1}{f_2}}\left[\operatorname{Ci}(\omega_2\,t) - \frac{\sin\omega_2\,t}{\omega_2\,t}\right] - \frac{\dfrac{f_1}{f_2}}{1-\dfrac{f_1}{f_2}}\times\right.$$

$$\left.\times\left[\operatorname{Ci}\left(\frac{f_1}{f_2}\omega_2\,t\right) - \frac{\sin\left(\dfrac{f_1}{f_2}\omega_2\,t\right)}{\dfrac{f_1}{f_2}\omega_2\,t}\right]\right\} \tag{53}$$

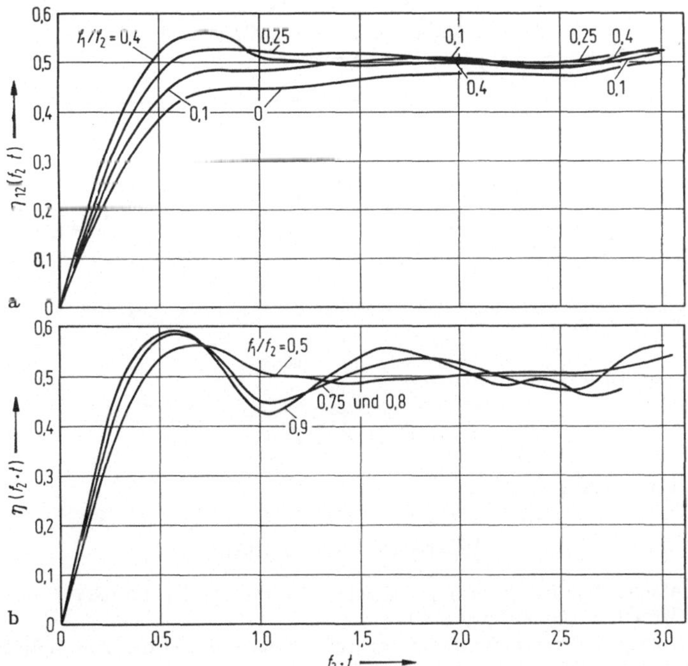

Abb. A 2. a u. b   Umkehrfunktion $\eta(f_2\,t)$ zur Ableitung der Stoßantwort aus dem reellen Teil Re $[A(\omega)]$ der Spektralfunktion.

Die Funktionen $\eta_{12}(f_2\,t)$ und $\xi_{12}(f_2\,t)$ sind in Abb. A.2 und Abb. A.3 für verschiedene Parameter f_1/f_2 gegeben.

Unter Berücksichtigung von Gl. (49) bis (51) kann die n-te Stoßantwort wahlweise zu

$$\gamma_n(t) = 2\,\eta_{12}(f_2\,t) \tag{54}$$

$$\gamma_n(t) = 0{,}5 + \eta_{12}(f_2\,t) + \xi_{12}(f_2\,t) \tag{55}$$

$$\gamma_n(t) = 1 + 2\,\xi_{12}(f_2\,t) \tag{56}$$

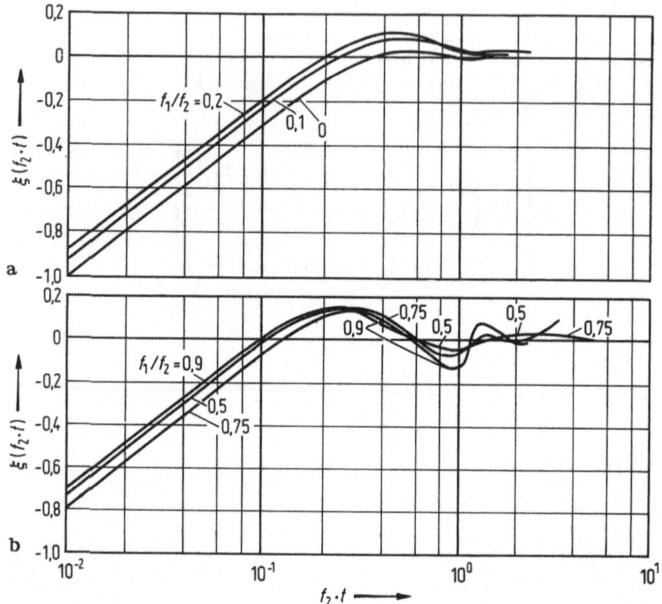

Abb. A 3. a u. b Umkehrfunktion $\xi(f_2\,t)$ zur Ableitung der Stoßantwort aus dem imaginären Teil Im $[A(\omega)]$ der Spektralfunktion.

und die Gesamt-Stoßantwort zu

$$\gamma(t) = \sum_1^\infty \gamma_n(t) \tag{57}$$

ermittelt werden.

Literatur zum Anhang

1. G. Doetsch: Anleitung zum praktischen Gebrauch der Laplace-Transformation. München: Oldenburg 1961.
2. K. W. Wagner: Operatorenrechnung und Laplacesche Transformation. 2. Aufl. Leipzig: Barth 1954.